U0342504

非贵金属基纳米催化剂的制备及其制氢和染料降解性能

宋 瑾 著

北 京

冶 金 工 业 出 版 社

2023

内 容 提 要

本书介绍了储氢技术和类芬顿催化技术的研究进展概况、钒酸铈/二氧化铈异质节负载钴纳米粒子高效光催化硼烷氨制氢、钴纳米片/钒酸铈纳米带@聚多巴胺光催化硼烷氨制氢、系列光活性 V_xO_y 负载非贵金属催化剂光催化硼烷氨放氢、组成与形貌可调的系列 Ni_xP_y 光催化硼烷氨放氢、改性 MCM-41 原位负载铁基催化剂的制备及其催化降解亚甲基蓝、改性 MCM-41 浸渍负载与硼氢化钠还原负载铁基催化剂的制备及其催化降解亚甲基蓝等内容，体现了非贵金属基纳米催化剂的设计合成思路和技术的实用性。

本书可作为材料、化学化工、环境科学等相关专业研究生、科研及工程技术人员的参考用书。

图书在版编目 (CIP) 数据

非贵金属基纳米催化剂的制备及其制氢和染料降解性能/宋瑾著 . —北京：冶金工业出版社，2022.6 （2023.5 重印）

ISBN 978-7-5024-9169-7

Ⅰ. ①非… Ⅱ. ①宋… Ⅲ. ①纳米材料—催化剂—材料制备—研究②纳米材料—催化剂—性能—研究 Ⅳ. ①TQ426

中国版本图书馆 CIP 数据核字 (2022) 第 089734 号

非贵金属基纳米催化剂的制备及其制氢和染料降解性能

出版发行	冶金工业出版社	**电 话**	(010)64027926
地 址	北京市东城区嵩祝院北巷 39 号	**邮 编**	100009
网 址	www. mip1953. com	**电子信箱**	service@ mip1953. com

责任编辑 张熙莹 王悦青 美术编辑 彭子赫 版式设计 郑小利
责任校对 郑 娟 责任印制 窦 唯
北京捷迅佳彩印刷有限公司印刷
2022 年 6 月第 1 版，2023 年 5 月第 2 次印刷
710mm×1000mm 1/16；15.75 印张；306 千字；240 页
定价 89.00 元

投稿电话 (010)64027932 投稿信箱 tougao@cnmip. com. cn
营销中心电话 (010)64044283
冶金工业出版社天猫旗舰店 yjgycbs. tmall. com
(本书如有印装质量问题，本社营销中心负责退换)

前　　言

<<<<<<<<<<<<<<<<<<<<<<<<<<<<<<<<<<<<<<<<<<<<<<<<<<<<<<<<<

　　能源是人类赖以生存的重要基础。随着社会文明的快速发展，人们对能源的需求量日益增加，这使得传统一次能源的消耗量与日俱增，在面临一次能源日趋枯竭的同时，印染、造纸、化工、酿酒等行业产生的工业有机废水对人们的生命安全也造成了巨大的风险，故储氢技术和芬顿氧化技术的更新发展成为人们关注的焦点。因此，设计合理的催化剂，用其提高化学储氢材料脱氢速率和芬顿氧化降解速率是技术发展过程中基础研究的关键。

　　近年来，储量丰富的非贵金属催化剂受到了越来越多学者的关注，而提高其催化活性是使它得以大规模应用的前提。在各种负载型非贵金属催化剂参与的 NH_3BH_3 水解脱氢反应过程中，通过调控载体结构提高催化剂活性的方法得到了广泛的应用。在光催化反应中，一般选择具有可见光响应的半导体作载体，通过调控半导体的能带结构来减小它的带隙或者以薄膜导电聚合物包覆半导体提高其可见光吸收范围，进而提高光催化 NH_3BH_3 水解脱氢性能。此外，在非均相类芬顿催化剂的载体选择中，多孔硅材料作为载体的研究越来越多，而具有结构规整且稳定、比表面积大、孔道均一等特点的有机介孔框架材料成为载体的首选。通过化学改性调控载体孔结构和孔分布，有利于活性组分非贵金属的分散，增加了 H_2O_2 的利用率，提升了催化降解效率。目前，非贵金属基纳米催化剂的设计合成已发展到可通过调控非贵金属纳米粒子的粒径、结晶状态及组分，实现"定制"具有指定结构的催化剂。

　　本书共分7章，第1章主要论述了物理及化学储氢技术概况、贵金属及非贵金属催化剂催化 NH_3BH_3 放氢研究进展、类芬顿催化技术优势和类芬顿催化剂分类等内容；第2章对异质结构造策略进行了总体论述，在此基础上研究了 Co-CeVO$_4$/CeO$_2$合成、表征、催化放氢性能测试及反应机理等；第 3 章对二维材料设计策略进行了总体论述，在此基础上研究了 Co/CeVO$_4$@PDA 制备、表征、催化放氢性能测试及反应机理等；第 4 章对原子缺陷技术设计策略进行了总体论述，在此基础上研究了 V$_2$O$_5$、VO$_2$和 V$_2$O$_3$制备、表征、催化放氢性能测试及反应机理，以及表面富含氧缺陷的系列多孔 V$_2$O$_5$负载非贵金属催化剂光催化 NH$_3$BH$_3$性能测试及反应机理等；第 5 章对电子密度调控策略进行了总体论述，在此基础上研究了 Ni$_2$P、Ni$_{12}$P$_5$和 Ni$_3$P 制备、表征、催化放氢性能测试及反应机理，以及形貌可调的 Ni 2p 光催化NH$_3$BH$_3$性能测试等；第 6 章对 MCM-41 分子筛改性策略及催化剂–芬顿法进行了总体论述，在此基础上研究了浸渍负载活性金属方式、原位负载活性金属方式和NaBH$_4$还原负载活性金属方式制备 Fe/改性 MCM-41 催化降解亚甲基蓝性能测试及反应机理等；第 7 章对非贵金属纳米催化材料的设计合成及应用进行了总体效果评价，主要包括钒酸铈/二氧化铈异质结负载钴纳米粒子、钴纳米片/钒酸铈纳米带@聚多巴胺、系列光活性 V$_x$O$_y$负载非贵金属、组成与形貌可调的系列 Ni$_x$P$_y$等高效光催化 NH$_3$BH$_3$制氢、改性 MCM-41 及不同负载方式铁改性 MCM-41 催化剂的制备及其催化降解亚甲基蓝。

　　本书以作者自身实验内容为纲，用系统的、简练的语言介绍了铁、镍、钴基纳米催化剂的设计、合成及在储氢和染料降解中的性能基础研究。实验方法和表征分析可以强化材料化学理论知识，拓宽读者的视野。本书可作为材料、化学化工、环境科学等相关专业研究生、科研及工程技术人员的参考用书。

　　全书由宋瑾独著。在本书编写过程中，得到了众多同行的支持和帮助，特别是内蒙古大学谷晓俊教授给予了许多非常有益的建议和热情的鼓励，本书的研究工作还得到了国家自然科学基金（52161038）、内蒙古自治区自然科学基金（2020MS02021）、内蒙古自治区高等学校科学研究项目（NGJY19243、NGJY22244）、内蒙古自治区"十三五"

规划项目（2020MGH082、NGJGH2020422）、河套学院人才启动项目（HYRC2019001）的共同资助，在此表示衷心的感谢。

由于作者水平有限，书中不足之处，希望读者给予批评和指正。

宋　瑾

2022 年 4 月

目　录

1 绪 论

‹‹

1.1 储氢技术概况

氢气（H_2）燃烧时产物只有水，不会污染环境，是一种高效清洁的能源。宇宙中拥有高达 75%的氢元素丰度，来源广泛，不破坏自然循环。同时，在理想状态下，氢气燃烧能够提供的热量比相同质量的碳氢燃料燃烧所释放的能量高出几倍，因此，氢能作为理想的二次能源受到人们的广泛关注[1~3]。目前，氢作为燃料已应用于化工、航空航天、石油、冶金、发电、燃料电池、车载系统等各种领域，但由于 H_2 是一种不稳定、易燃易爆的气体，加之气态时密度极小，因此安全地储存及运输高密度 H_2 在技术上的困难极大限制了氢能经济的发展。寻找合适的储氢方式是解决 H_2 应用中出现的问题的有效途径。目前 H_2 存储技术主要有物理储氢和化学储氢，以下介绍这两大类储氢方式的特点。

1.1.1 物理储氢

物理储氢主要分为高压气态储氢、低温液态储氢及吸附材料吸附储氢三类，分述如下：

（1）高压气态储氢。高压气态储氢是通过增大压力来降低气体体积，进而提高 H_2 的存储效率，是目前比较常见的储氢方式，高压钢瓶储存 H_2 就是利用这个原理。该法操作简单，但是氢储存效率较低，能耗较高，在运输与存储时安全隐患较大。

（2）低温液态储氢。低温液态储氢是在低温高压的条件下将氢气由气态液化成液态。这种存储方式可使 H_2 的体积存储密度大幅度增加，但是在液化的过程会消耗大量能量，同时存储需要能耐受超低温及绝热的特殊容器，存储的成本比较高。

（3）吸附材料吸附储氢。吸附材料吸附储氢是一种物理储氢方式[4,5]。表面积较大的炭[6]、分子筛[7]和金属有机框架（MOF）[8]等都是常见的吸附储氢材料，它们的孔结构和比表面积都影响对氢气的吸附性能。近些年来，由于与其他孔材料相比，MOF 材料孔道尺寸可调且比表面积大，可在室温及较低的压力下快速吸收 H_2，引起了人们极大研究兴趣[9,10]。尽管人们做了很多努力，但是物理储氢量不高的劣势距储氢材料的工业化应用还有很大差距。

1.1.2 化学储氢

相比物理储氢中存在的问题，化学储氢材料具有较高的含氢量和活性，便于存储及运输等特点吸引了人们的注意力（见图 1-1）[11]。

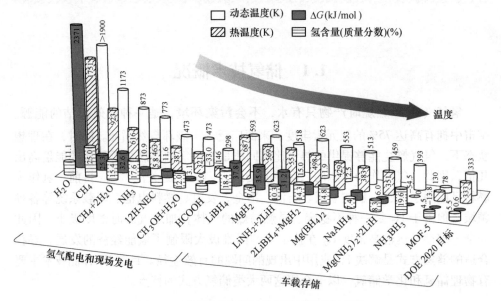

图 1-1 不同类型的化学储氢材料的放氢特性

目前 H_2 存储技术主要有物理储氢和化学储氧，化学储氢主要有金属合金储氢和含氢小分子储氢，相比物理储氢，化学储氢材料具有较高的含氢量和活性，便于存储及运输。储氢合金是利用合金吸附氢气后将其解离，产生的氢离子可进入金属的晶格形成金属氢化物，同时能够可逆放出氢气。一般情况下，金属合金由两种金属组成，一种金属有较好的氢气吸附性能，而另一种金属不吸附氢气或者对氢气吸附性较弱[12,13]。相比物理储氢方式，特别是高压气态储氢和低温液态储氢，这种储氢方式安全性高。不足之处是储氢/放氢的可逆性较差，不能满足高能量密度的要求，同时储氢成本也较高[14,15]。

当人们迫切寻找能满足车载系统需求使用的储氢材料时，含氢小分子以它们自身的优势引起了人们的广泛关注。这类小分子含氢化合物通过特定的化学反应将自身的氢以 H_2 的形式释放出来，放氢过程较其他材料温和、耗能相对较小。同时常温稳定，存储及运输的安全性较高。因为放氢动力学因素，含氢量较高的固体储氢材料硼烷氨成为人们研究的热点。

硼烷氨（NH_3BH_3）的含氢量为 19.6%且相对分子质量较小，室温下为较稳定的白色固体，无毒，易溶于水，体积与质量密度都较高，这些特性使 NH_3BH_3 成为一种极具前景的储氢材料[16~18]。Shore 和 Parry 在 1955 年第一次合成出结晶

性良好的 NH_3BH_3 晶体。作为储氢材料，NH_3BH_3 具有热解、醇解、水解等多种脱氢方式，其中醇解与水解的原理较为相似。

1.1.2.1　NH_3BH_3 的热解放氢

NH_3BH_3 的热解比较复杂，分为四步：

$$nNH_3BH_3(s) \longrightarrow nNH_3BH_3(l) \tag{1-1}$$

$$nNH_3BH_3(l) \longrightarrow [NH_2BH_2]_n(s) + nH_2(g) \tag{1-2}$$

$$[NH_2BH_2]_n(s) \longrightarrow [NHBH]_n(s) + nH_2(g) \tag{1-3}$$

$$[NHBH]_n(s) \longrightarrow [NB]_n(s) + nH_2(g) \tag{1-4}$$

NH_3BH_3 的熔点为 $112 \sim 114℃$，所以热解温度达到 $110℃$ 左右发生第一步反应，继续升高温度，发生第二步反应，当温度升高到 $155℃$ 左右发生第三步反应，当温度升高到 $500℃$ 以上第四步反应才会发生。由于较高的热解温度和大量副产物的产生，使得 NH_3BH_3 不利于在实际中应用，故降低 NH_3BH_3 的放氢温度和减少副产物的产生成为研究的重点。2010 年，Yao 等人利用 JUC-32-Y 本身具有的孔结构将 NH_3BH_3 限域在其孔道内使其氢释放的动力学显著改善，操作温度较低并能得到较纯的氢气[19]，但是仍不能解决热解耗能较多的问题。

需要指出的是，NH_3BH_3 热解放氢诱导期较长并且反应的温度较高，同时有副产物产生，很难满足车载系统对储氢材料的要求，寻找新的方法促使 NH_3BH_3 高效放氢，并且提高 NH_3BH_3 放氢的速率及降低它的放氢过程中能量的消耗是十分必要的。

1.1.2.2　NH_3BH_3 的水解放氢

室温下，NH_3BH_3 的水溶液是稳定的，如不加合适的催化剂基本上检测不到氢气的释放。相比于热解，在催化剂的作用下 NH_3BH_3 的水解放氢可在相对较低的温度下进行，副产物较少，具有明显优势。NH_3BH_3 进行水解或醇解时是将与 B 相连的 H^- 与溶剂中的 H^+ 相结合产生氢气（$NH_3BH_3 + 2H_2O \rightarrow NH_4BO_2 + 3H_2$）。

1.2　金属催化剂催化硼烷氨放氢研究进展

在过去的几十年里，科学家制备出了一系列具有较好活性与循环使用寿命的具有催化 NH_3BH_3 水解放氢活性的催化剂，这些催化剂主要分为贵金属催化剂（金、银、钯等）和地球储量丰富的非贵金属催化剂（铁、钴、镍）两类。本节对这两类催化剂的发展进行系统介绍。

1.2.1　贵金属催化剂

贵金属具有良好的催化性能，是一类能高效催化 NH_3BH_3 水解且具有较好循环寿命的催化剂。2007 年，Xu 等人以贵金属钌、铑、钯、铂及金负载于 Al_2O_3、C 和 SiO_2 上制备出一系列催化剂。结果发现，钌、铑和铂具有较高的催化 NH_3BH_3 放氢活性，而钯和金的催化活性较低[20]。后续 Xu 等人将粒径超小型铂纳米粒子封装在具有介孔结构的载体 MIL-101（Cr）的介孔内，又开发了一种新型催化剂，该催化剂表现出优异的催化 NH_3BH_3 放氢性能。此后，他们在催化剂的合成过程中，采用双溶剂法（水与己烷），将铂前驱体用小于载体孔体积的溶剂去溶解，可以使这些含有前驱体的溶剂吸收进 MIL-101 的孔隙中。这种制备方式可以抑制活性金属铂纳米粒子的团聚。值得指出的是，在反应中大量疏水性己烷的引入对载体的分散起着至关重要的作用，而载体的分散对纳米粒子的沉积又起着重要作用。此外，经过表征证实铂纳米粒子被限域在 MIL-101（Cr）的内部介孔内，从而均匀地分散在整个材料中，粒径较小，平均尺寸为 1.8nm±0.2nm。同时，并没有观察到高度聚集的铂纳米粒子，表明双溶剂法结合 MOF 的限域效应有利于小金属纳米粒子的形成。制备的催化剂 Pt@ MIL-101 具有较高的催化活性。一部分催化剂在制备的过程中用还原剂（$NaBH_4$）溶液还原金属，这是因为溶液的浓度对生成的粒子大小和分散性有重要影响。当 $NaBH_4$ 溶液浓度为 0.6mol/L 时，以 MIL-101 为载体可以制备出粒径超小且分散均匀的 Au-Ni 纳米粒子（1.8nm±0.2nm），在载体表面没有发现金属团聚。相反，如果 $NaBH_4$ 溶液的浓度较低，则可以观察到 Au-Ni 纳米颗粒粒径较大（2~5nm）并且伴有严重的团聚（见图 1-2）。与单一组分催化剂相比，该催化剂催化 NH_3BH_3 水解放氢性能显著提高[21]。除了 MIL-101(Cr)，人们还开发了其他的 MOF 作为催化剂的载体去负载金属纳米粒子，例如 ZIF-8、UIO-66、MIL-96、MIL-53、MIL-125 及 ZIF-67 都被选用作为活性金属的载体。2014 年，Yuan 等人将铂负载于富含缺陷的碳纳米管上，温度为 30℃时，TOF 值为 $567min^{-1}$，碳纳米管上的氧缺陷是催化剂具有较高活性的原因[22]。2015 年，Jiang 等人将具有核壳结构的超小 Pd@ Co 纳米粒子封装于 MIL-101 孔道中，形成 Pd@ Co@ MIL-101 催化剂，该催化剂有高的催化 NH_3BH_3 的水解放氢活性[23]。

2016 年，Özkar 等人将铑分别负载于各种氧化物载体中（CeO_2、SiO_2、Al_2O_3、TiO_2、ZrO_2、HfO_2），这些载体中以 CeO_2 负载铑制备的催化剂 Rh/CeO_2 具有最高的催化 NH_3BH_3 水解放氢活性，当铑的负载量为 0.1%（质量分数）时，TOF 值可达 $2010min^{-1}$。并且认为催化剂具有高活性的主要原因是 CeO_2 中一部分 Ce 的化合价从 4 价降低到 3 价，使 CeO_2 表面带有负电，利于与铑成键[24]。另外，针对负载型催化剂在催化过程中活性组分易离析的特点，Xu 等人采用有机分子笼为金属纳米粒子的限域模板，使催化剂与 NH_3BH_3 分子基本处于一相中（见图 1-3），催化剂产氢活性大幅提升[25]。

为了进一步降低贵金属的消耗，提高其利用率并保证催化剂活性，单原子催

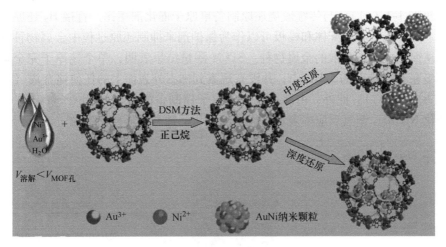

图 1-2　双溶剂法制备 AuNi@ MIL-101 的示意图

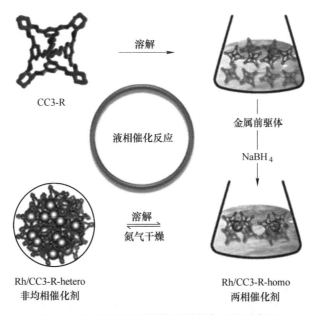

图 1-3　Rh/有机分子笼催化剂制备过程示意图

化剂的概念受到人们的广泛关注，因为单原子催化可以提供最大的原子利用率。鉴于单原子具有较高表面能的关系，单原子金属催化剂对载体具有严格的要求。目前，单原子制备方法中限域模板法及原子层沉积法应用较多。单原子催化剂催化 NH_3BH_3 制氢反应也有报道。最近，Yu 等人报道了一种配体保护的直接用 H_2 还原策略封装单原子铑，将其包裹在 MFI-type 型沸石中的方法。制备方法是以 $Rh(en)_3Cl_3(en = NH_2CH_2CH_2NH_2)$ 络合物作为前驱体，通过原位水热条件下制得（见图1-4（a））。与传统煅烧还原制备单原子催化剂相比，直接 H_2 还原法更简单、更节能，有机配体和模板可以作为保护剂来抑制还原过程中金属物种的团聚，从而形成原子分散的金属物种。STEM 测量结果表明，单个铑原子完全均匀地包裹在 MFI 沸石的 5-MR 中，并没有观察到沸石外表面上的任何铑金属（见图1-4（b）～（f））。此外，由沸石包覆单原子铑制备的催化剂 Rh@ S-1-H 在室温下催化 NH_3BH_3 制氢反应中表现出优异的催化活性和循环使用寿命[26]。

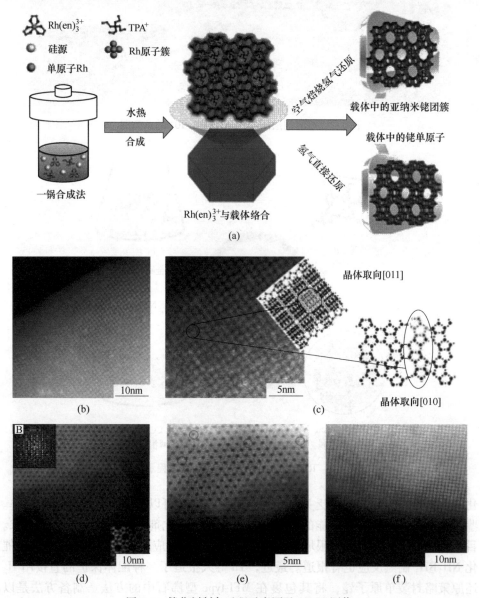

图1-4 催化剂制备过程示意图及 STEM 图像

中国科技大学的路军岭等人利用原子层沉积技术分别制备了单原子与双原子催化剂，并把它们应用到 NH_3BH_3 制氢当中。2017 年，他们首先通过原子层沉积技术，以还原的氧化石墨烯为模板载体，在 O_2(99.999%)、温度为250℃条件下将 $MeCpPtMe_3$ 前驱体沉积到载体上，后经过150℃时第二轮沉积制备了 Pt_2/GO。HAADF-STEM 表征显示，经过第一轮原子沉积后，可将铂单原子锚定在还原氧化石墨烯上，没有任何可见的团簇和纳米粒子，这些孤立的铂单原子间平均距离均大于 2nm。在这步单原子的制备过程中，载体表面官能团种类对单原子的形成具有显著影响。而经过第二次原子层沉淀时，仍然没有发现纳米粒子团簇与纳米颗粒，而是形成了双原子。统计超过 80 对粒子显示铂原子与铂原子间的距离为0.3nm，这明显要高于在铂的体相中金属 Pt-Pt 的距离。这说明所制备的催化剂 Pt_2/石墨烯中铂是以氧化态的形式存在，之所以形成这种金属结构是因为空间位阻所致，而 ICP 表征进一步证实了这一点。将所制备的单原子催化剂 Pt_1/石墨烯与双原子催化剂 Pt_2/石墨烯在室温下进行催化 NH_3BH_3 制氢反应，同时为了进行对比，制备了不同载体的负载铂催化剂（见图 1-5）。Pt_1/石墨烯催化剂 10.8min可以产生 10.8mL 的氢气，这占理论体积的 42%。而可以形成鲜明对比的是，Pt_2/石墨烯在 0.9min 中内可以产生 23.4mL 氢气。而经过两轮循环，250℃制备的对比样 2cPt/石墨烯展示了与单原子催化剂 Pt_1/石墨烯相似的活性，催化活性的差异也说明催化剂结构不同。理论计算显示 Pt_2/石墨烯中较高的 Pt 5d 轨道对 NH_3BH_3 分子与 H_2O 吸附具有显著影响[27]。

2019 年该课题组继续以 $MeCpPtMe_3$ 为金属前驱体，通过原子层沉积技术，将铂单原子锚定在 Co_3O_4、CeO_2、ZrO_2 的表面。HAADF-STEM 显示所有制备的样品中没有出现任何可以观察到的纳米粒子与团簇（见图 1-6）。XANES 曲线显示在所有样品中 Pt/Co_3O_4 中铂木占据的 5d 态最多。并利用漫反射红外傅里叶变换光谱考察样品对 CO 的吸附性，该表征显示所有的样品中并没有发现桥氧的吸附峰，所以进一步证明了铂在载体 Co_3O_4、CeO_2、ZrO_2 的表面是以单原子的形式存在，并且也进一步证实了 Pt/Co_3O_4 中铂的 5d 态占据的电子较少，同时 XPS 表征也证明了这一点。将所制备的单原子催化剂 Pt/Co_3O_4、Pt/CeO_2、Pt/ZrO_2 进行室温催化 NH_3BH_3 制氢研究。实验结果表明，所有的催化剂都具有活性，但是却有较大的活性差别，以 Pt/Co_3O_4 为催化剂时反应体系的放氢速率较大，释放完所有的氢气仅用了 3min。然而相同时间内以 Pt/CeO_2 或 Pt/ZrO_2 为催化剂时产氢量约为 Pt/Co_3O_4 的 1/4，Pt/石墨烯达到相同的氢气数量需要的时间更长，为9min。通过理论计算进一步考察了不同样品催化 NH_3BH_3 制氢性能差别的原因。经过计算发现催化剂 Pt/Co_3O_4 中由于磁性载体的影响产生了强烈的电子扰动，这也进一步证实载体与金属间存在强电子间作用。其他载体由于没有磁性，5d

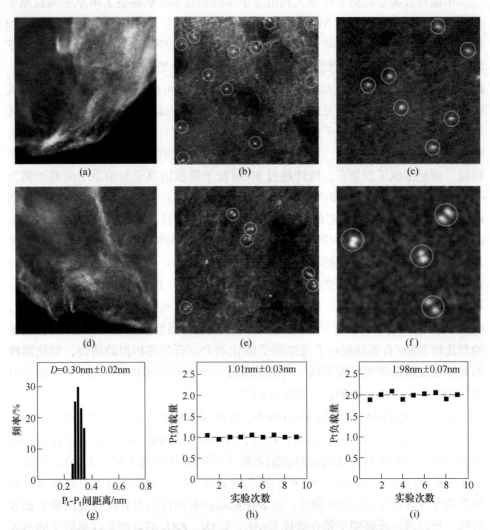

图 1-5 催化剂 Pt₁/石墨烯与 Pt₂/石墨烯的形貌 HAADF-STEM 图片

（a）Pt₁/石墨烯，20nm；（b）Pt₁/石墨烯，2nm；（c）Pt₁/石墨烯，1nm；（d）Pt₂/石墨烯，20nm；

（e）Pt₂/石墨烯 2nm；（f）Pt₂/石墨烯，2nm；（g）Pt-Pt 间距离的统计；

（h）Pt 负载在 Pt-MeCpPtMe/石墨烯比例与 MeCpPtMe/石墨烯比例；

（i）Pt 负载在 Pt₂/石墨烯与在 Pt₁/石墨烯比例

（（b）和（c）中圆圈标出的为铂单原子，（e）和（f）中圆圈标出的为双原子）

未占有态的曲线是对称的。同时催化剂 Pt/Co₃O₄ 中 Pt 与 Co₃O₄ 的结合能是最大的，它的结构优势使它有适当的 NH₃BH₃ 分子吸附能与较弱的氢气吸附能，促使反应进一步进行[28]。

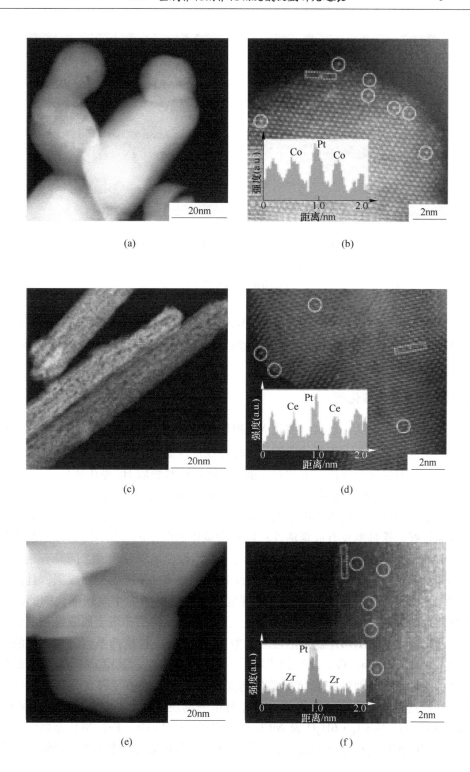

(a)

(b)

(c)

(d)

(e)

(f)

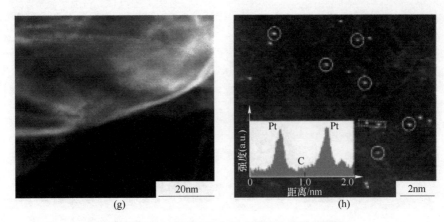

图 1-6　　HAADF-STEM 在低或高放大倍数的照片

(a) (b) Pt_1/Co_3O_4；(c) (d) Pt_1/CeO_2；(e) (f) Pt_1/ZrO_2；(g) (h) $Pt_1/$石墨烯

（圆圈标注了 Pt_1 原子）

一般来说，利用贵金属作为催化 NH_3BH_3 水解制氢的催化剂都可以获得较高的催化活性，催化剂的 *TOF* 值可以达到 $100min^{-1}$。然而，贵金属的价格较高，地球上的储量较小，这限制了它的应用。

1.2.2　非贵金属催化剂

贵金属催化剂具有较高的催化 NH_3BH_3 水解活性，但是由于其昂贵的价格和稀缺的储量并不适合大规模的应用，因此寻找地球储量丰富的非贵金属代替贵金属或者部分取代贵金属作为催化剂去催化 NH_3BH_3 水解放 H_2 势在必行。

2006 年，Xu 等人将钴、镍、铁及铜负载于 Al_2O_3、SiO_2 和 C 上制备出一系列催化剂并考察了催化 NH_3BH_3 的水解放氢性能。结果发现，钴、镍和铜水解放氢性能较好，铁基本没有放氢活性；以 C 为载体的催化剂催化 NH_3BH_3 水解放氢的性能最好。上述催化原理是 NH_3BH_3 分子与活性金属颗粒表面之间具有相互作用形成了活性中间体，水分子进攻活性中间体促使 B—N 键断裂而放氢，且活性中间体不同，催化剂活性不同[29]。该课题组在后续的研究中发现催化剂的活性与催化剂的粒径、结晶状态及组分有关。具有核壳结构的非贵金属复合物催化剂也显示出高效的 NH_3BH_3 制氢活性。其中 Xu 等人首先报道的系列以铜为核的催化剂 Cu@ M(M=Co, Fe, Ni) 纳米粒子，证明了这一点，其中 Cu@ Co 具有最好催化的活性，而其他的核壳结构催化剂都具有优于相应的金属合金与单金属性能。这种具有核壳结构的催化剂是通过简单一锅还原法获得的，$CuCl_2$ 为铜源，$CoCl_2 \cdot 6H_2O$、$FeSO_4 \cdot 6H_2O$ 及 $NiCl_2 \cdot 6H_2O$ 为 M(M=Co, Fe, Ni) 金属源，以 PVP 与 NH_3BH_3 为还原剂制备的，值得注意的是在制备过程中由于纳米粒子具有磁性不适用机械搅拌，而是使用振荡器[30]。2008 年，Xu 等人首次制备出没有保护壳的无定型铁催化剂，显示出较高的催化产氢活性及长的寿命。另外，无定型的钴、镍及 Fe-Ni 合金都显示出活性，无定形态的金属比晶态的金属具有更高的催化产氢活性[31]。在金属纳米粒子影响催化活性研究方面，Xu 等人制备出 $M@SiO_2(M=Co，Ni)$ 纳米粒子催化剂。其中 $Co@SiO_2$ 的粒径范围为 15~30nm，$Ni@SiO_2$ 粒径范围为 20~30nm，将活性组分纳米团簇封装在 SiO_2 内部比沉积在 SiO_2 外面的催化性能高[32,33]。2010 年，Sun 等人在油胺与油酸环境中用硼烷三丁胺还原 $Ni(acac)_2$ 制得单分散 Ni 纳米粒子，该催化剂具有高的产氢活性[34]。Cao 等人以 $Ni(acac)_2$ 为镍源制备了球状的纳米镍前驱体，氮气气氛下处理前驱体，得到纳米多孔镍，前驱体的形貌得以保持。以纳米多孔镍为催化剂催化 NH_3BH_3 水解放氢，TOF 值为 $19.6min^{-1}$，性能高出当时报道的镍基催化剂的 2 倍多[35]。

在负载型催化剂中，多孔载体的空间限域效应往往影响金属纳米粒子的催化性能。基于此，Özkar 等人采用置换法将 Cu^{2+} 引入分子筛中，用 $NaBH_4$ 还原后将铜封装在分子筛内，该催化剂具有高的放氢活性，在低温（<15℃）情况下同样具有活性[36]。2012 年，Li 等人以 $Ni(Cp)_2$ 为镍源，采用化学气相沉积法和化学液相沉积法将镍纳米粒子高度分散地封装在 ZIF8 的孔道内。这两种催化剂均展示出较高活性与稳定性，前者 TOF 值达 $14.2min^{-1}$，后者 TOF 值为 $8.4min^{-1}$[37]。2015 年，Xu 等人将 CuCo 合金纳米粒子封装在 MIL-101 的孔道中，制备了 CuCo@MIL-101 催化剂。与 Cu@MIL-101 和 Co@MIL-101 相比，该催化剂在室温下具有更高的放氢活性，铜与钴之间的协同作用对催化 NH_3BH_3 水解产氢性能的提高起决定作用[38]。作者课题组在设计具有催化 NH_3BH_3 活性的高效低/非贵金属催化剂中也做了大量的工作，2015 年首先选择氮掺杂碳材料 XC-72 和石墨氮化碳（C_3N_4）两种含氮的碳材料为载体，其中氮掺杂碳材料 XC-72 的合成，是以吡咯作为氮源后经煅烧制得。C_3N_4 的制备是以氰胺为原料、纳米 SiO_2 微球作为硬模板，经过煅烧与刻蚀后制得。活性组分为 $AuM(M=Co，Ni)$，在制备催化剂的过程中采用了三种不同的还原剂原位还原制备催化剂。这三种还原剂分别为 NH_3BH_3 与 $NaBH_4$ 的混合溶液、NH_3BH_3 溶液及 $NaBH_4$ 溶液。TEM 表征显示，在这三种还原剂制备的催化剂中，活性组分都可以高度分散在两种载体之上，但是粒径存在差异，相较于以 XC-72 为载体时合金的粒径，以 C_3N_4 为载体时，活性合金的粒径更小。在测试合成的负载型双金属金纳米粒子催化 NH_3BH_3 制氢性能时，它们表现出显著不同的催化活性，催化剂 TOF 值在 6.4~$42.1min^{-1}$ 之间。在所有催化剂中，以 $NaBH_4$ 和 NH_3BH_3 的混合溶液为还原剂，通过原位合成的 NXC 负载 AuCo 纳米粒子表现出最高的活性，其总 TOF 值为 $42.1min^{-1}$，这是当时文献报道的用于 NH_3BH_3 制氢的钴基催化剂中性能靠前。催化剂具有如此优异

的性能是由于载体与合金纳米粒子的粒径形貌协同作用的结果[39]。同年作者课题组以胺基功能化碳纳米管（CNT）为载体，$HAuCl_4 \cdot 4H_2O$ 与 $CoCl_2 \cdot 6H_2O$ 为金源与钴源采用两种方法将 AuM(M=Co, Ni) 纳米粒子固定在载体表面，一种是采用 NH_3BH_3 与 $NaBH_4$ 的混合溶液为还原剂，另一种是以 $NaBH_4$ 为还原剂。同样证明以 NH_3BH_3 与 $NaBH_4$ 的混合溶液为还原剂制备的催化剂具有最好的活性，TOF 值可以达到 $36.05min^{-1}$。系统表征显示合金的微结构不同是催化剂具有良好活性的原因[40]。2017 年，作者课题组以孔径为 2.9～3.4nm 的铬基 MOF MIL-101 为载体，借助超声辅助通过 $NaBH_4$ 与 NH_3BH_3 溶液原位还原制备了一系列将活性金属封装在 MOF 的孔洞的单组分与双组分非贵金属催化剂，Co/MIL-101-1-U、CuCo/MIL-101-1-U、FeCo/MIL-101-1-U 及 NiCo/MIL-101-1-U（见图1-7）。TEM 测试结果显示，催化剂 Co/MIL-101-1-U 中钴纳米粒子是高度分散的，没有明显的团聚，粒径范围在 1.6～2.6nm 之间，然而，金属纳米粒子的前驱体未经过超声处理时粒径可以达到13.5～24.5nm，且电子衍射结果显示两种催化剂中钴纳米粒子都是无定型态。为了对比金属纳米粒子结晶性对催化剂性能的影响，作者课题组采用 $NaBH_4$ 为单一还原剂，制备催化剂。不出所料，金属纳米粒子的还原方式对金属纳米粒子的结晶性与粒径产生了显著影响。以 $NaBH_4$ 为单一还原剂时钴纳米粒子都是晶体，且当以超声辅助金属前驱体分散在载体孔洞时制备的钴纳米粒子粒径在 4.5～8.5nm 之间，不加超声辅助时钴纳米粒子粒径在 14.5～24.5nm 之间。这也进一步说明引入超声分散金属前驱体可以降低金属纳米粒子的粒径。通过测试所合成的系列催化剂室温催化 NH_3BH_3 制氢性能发现，相较于其他催化剂的制备方式，采用超声辅助金属前驱体分散及 $NaBH_4$ 和 NH_3BH_3 溶液共还原的方式制备的催化剂具有更好的催化活性，其中单金属组分催化剂 Co/MIL-101-1-U 的 TOF 值为 $51.4min^{-1}$，双金属组分催化剂 CuCo/MIL-101-1-U 的 TOF 值为 $51.7min^{-1}$，这在当时文献报道的非贵金属催化剂中都是非常好的。催化剂之所以具有如此好的性能与金属纳米粒子的粒径是分不开的[41]。

2016 年，Cheng 等人在氩气氛下于 600～800℃ 热解 Co(salen)，一步法可将钴纳米粒子封装在介孔 N 掺杂 C 中制备了 Co@ N-C。其中 700℃ 煅烧时催化 NH_3BH_3 水解产氢的性能最好，TOF 值为 $5.6min^{-1}$，活化能为 31.0kJ/mol。同时具有较好的循环稳定性，10 轮循环后仍具有初始活性的 97.2%。Cheng 等人认为高度分散的钴纳米粒子是该催化剂具有活性及较好循环稳定性的原因。同年，Kaya 等人将 CuCo 双金属（平均粒径 1.8nm）负载于活性炭上，25℃ 时催化 NH_3BH_3 放氢的 TOF 值达 $2700h^{-1}$[42]。在制备合金催化剂时，可以通过调整两种金属的含量调控催化剂表面的电子结构。然而非贵金属催化剂的活性仍然与贵金属催化剂存在一定差距，因此，人们制备了贵金属与非金属的合金催化剂，这样不仅可以降低催化剂的合成成本，还可以保证催化剂的活性。同时，MOF 载体

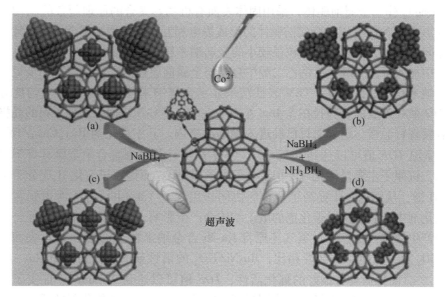

图 1-7 四种不同类型的 MIL-101 负载钴纳米粒子

(a) Co/MIL-101-2；(b) Co/MIL-101-1；(c) Co/MIL-101-2-U；(d) Co/MIL-101-1-U

具有丰富的空隙受到人们的广泛关注。例如 Astruc 等人将镍与铂制备出合金催化剂 $Ni_2Pt@ZIF-8$，使用 NaOH 作为添加剂，其中当镍/铂摩尔比为 2.7 时，催化剂具有室温最佳性能，*TOF* 值最高 $600min^{-1}$。催化剂具有优异的催化性能是因为镍与铂组分之间的协同效应而产生的。另外，ZIF-8 作为载体的效果优于石墨烯、活性炭等[43]。除了 MOF 外，由 MOF 衍生的含氮碳材料同样是优异的载体。MOF 中的金属在热解过程中得以保留，可作为活性组分的一部分催化 NH_3BH_3 水解制氢。Xu 与其同事报道了通过热裂解 Ru@HKUST-1 在 800℃ 的氩气环境中制备超小 Cu/Ru 纳米颗粒嵌入多孔石墨碳表面制备 Cu/Ru@C 作为催化剂。前驱体 Ru@HKUST-1 分散在乙醇与 N，N-二甲基甲酰胺混合物中，以 $Cu(NO_3)_2$ 和 $RuCl_3$ 与 1，3，5-苯三甲酸盐为反应物，85℃ 采用一锅法制备了不同钌负载量的催化剂。HAADF-STEM 图像显示，Ru@HKUST-1b 的铜和钌含量分别为 21.2% 和 3.4%，表明钌纳米粒子具有较小的粒径，其平均粒径约为 3nm，并高度分散于载体表面。通过热处理，制备了微小的双金属 Cu-Ru 纳米颗粒，并将其固定在石墨碳载体上。Cu-Ru 纳米颗粒的平均尺寸约为 3.3nm。这表明由于载体的限域效应，在高温热解过程中金属纳米颗粒形貌得到了良好的保持。由于双金属组分的小颗粒尺寸和协同效应，该催化剂的活性较好且催化剂的成本得以降低[44]。

Guo 等人报道以相对便宜的贵金属钌代替铂并与不同比例的铜形成一系列合金负载于 $TiO_2@C-N$ 表面。$TiO_2@C-N$ 是以丁醇钛、间苯二酚、甲醛乙二胺为钛源、碳源和氮源经过水解煅烧制得的。负载金属合金采用的是以 $Ru(acac)_3$ 与

Cu(acac)$_2$ 作为金属前驱体，采用固体表面有机物热聚合的原理制备的。TiO$_2$ 的表面形成 C-N 层可以与金属前驱体间形成静电相互作用，增加了金属纳米粒子与载体间的亲和力，利于形成粒径较小的金属纳米粒子。需要指出的是，样品制备过程中加入了乙二醇，借助乙二醇中羟基与金属前驱体的配位作用进一步提升了金属纳米粒子的分散性。TEM 表征结果显示金属纳米粒子是球形，均匀地分布在 TiO$_2$@ C-N 表面，粒径在 5.4nm 左右，在 TiO$_2$@ C-N 表面只发现了铜的晶格并没有发现钌晶格，这说明钌已经进入铜的晶格内。其中催化剂 Ru$_{0.6}$Cu$_{0.4}$/TiO$_2$@ C-N 室温 TOF 值可以达到 626min^{-1}。经过 DFT 计算发现合金中金属具有不同的作用，钌原子主要是活化 NH$_3$BH$_3$ 分子中的 B—H，而铜原子活化 H$_2$O 分子中的 O—H 键，从而进一步提高了合金的协同作用[45]。Yamashita 等人考虑到在负载型催化剂中金属合金对催化剂的电子结构会产生影响，而载体对能否形成合金同样会产生影响。他们通过氢气还原将 Ru-Ni 合金纳米粒子负载于 TiO$_2$ 表面，与 Ni/TiO$_2$ 及 Ru/TiO$_2$ 的活性相比，Ru-Ni/TiO$_2$ 的活性显著提高，其中 Ru：Ni = 1：0.3 时催化剂具有最好的催化活性，TOF 值可以达到 914min^{-1}。证实了两种金属间的协同影响改变了合金周围局域的电子结构，提高了催化剂的活性。通过 TEM 表征显示 Ru-Ni 合金高度分散在 TiO$_2$ 表面，且合金粒径均匀，粒径分布较窄，Ru-Ni 合金的平均粒径为 2.3nm，比 Ru/TiO$_2$ 催化剂中钌纳米粒子的粒径要大，这也进一步证实两种金属间形成合金时产生的协同作用是催化剂活性提高的原因（见图 1-8）。另外，对比实验发现金属合金的形成与催化剂的载体具有直接关系，当催化剂载体由 TiO$_2$ 替换为 MgO 时钌与镍形成不了合金结构，同时 H$_2$-TPR 也显示钌与镍在 MgO 表面不能形成合金。Yamashita 等人认为催化剂 Ru-Ni/TiO$_2$ 中 Ru-Ni 形成合金后电子结构改变有利于它对 NH$_3$BH$_3$ 分子的吸附。另

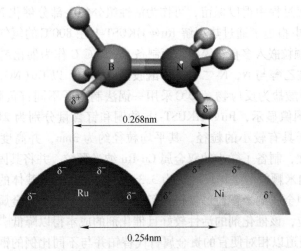

图 1-8　Ru-Ni 与 NH$_3$BH$_3$ 间相互作用示意图[46]

δ—电荷

外，通过 EXAFS 表征计算发现 Ru-Ni 合金中 Ru—Ni 的键长为 0.254nm，NH_3BH_3 分子中 N—B 键与 B—H 距离为 0.268nm，这种协同在 Ru/TiO_2 是不存在的，这是合金催化剂的活性大幅度提高的原因[46]。

Sun 等人以 $Co(acac)_2$ 与 PdBr 为原料制备了单分散的 CoPd 合金纳米粒子，TEM 表征显示合金纳米粒子的平均粒径是 8nm，并且粒径分布很窄。该合金纳米粒子具有室温催化 NH_3BH_3 制氢活性。合金中金属的摩尔比对催化剂活性具有显著影响，其中 $Co_{35}Pd_{65}$ 具有最好的催化活性。经过动力学实验发现催化剂的用量对反应速率具有显著影响，而 NH_3BH_3 的浓度对反应速率影响较小。经过煅烧后，去除了在催化剂制备过程中表面吸附的物质，合金程度化得以提高，催化剂活性进一步得到提升，反应时间缩短为 3.5min[47]。Chen 等人采用浸渍还原法制备了一系列具有不同 Cu/Ni 摩尔比的双金属 Cu-Ni 纳米粒子，固定在 MCM-41 中。其中以 $Cu_{0.2}Ni_{0.8}$/MCM-41 为代表催化剂对金属合金粒子的粒径进行了表征，固定在 MCM-41 中的 Cu-Ni 纳米粒子的尺寸范围为 2~10nm；在 MCM-41 的孔道内分散了一些 2~3nm 的金属纳米粒子，但固定在载体的外表面上金属粒子的粒径较大。双金属 Cu-Ni 合金纳米粒子对 NH_3BH_3 制氢速率具有显著影响，所有制备的 CuNi/MCM-41 催化剂中，$Cu_{0.2}Ni_{0.8}$/MCM-41 催化剂（Cu/Ni = 2/8）的产氢速率最大，室温下 TOF 值为 10.6 min^{-1}。将镍改为钴可以进一步提高催化剂的活性，在相同条件下 $Cu_{0.2}Co_{0.8}$/MCM-41 催化剂的 TOF 值提高到 15.0min^{-1}[48]。

Lee 以 $NaBH_4$ 和 NH_3BH_3 作为双还原剂，将钴纳米粒子封装在 KIT-6 的孔道内，制备了催化剂 Co@KD。TEM 表征显示钴的质量分数为 5% 的催化剂 Co@KD 中钴纳米粒子在 KIT-6 中高度分散，且平均粒径为 2.5nm。同时以 KIT-6 为载体制备了以 $NaBH_4$ 为单一还原剂的催化剂 Co@KS，与利用热还原制备的催化剂 Co@KT 进行对比。经过系列表征发现，Co@KS 与 Co@KT 中钴纳米粒子的粒径都较大，可以达到 20nm，并且都不均匀地分布在 KIT-6 的外表面。此外，用双还原剂法还制备了 Co@SBA-15，钴纳米粒子的平均尺寸可以达到 2.0nm。制备的催化剂 Co@KD 在 30℃下 TOF 值可以达到 20.05min^{-1}，催化 NH_3BH_3 制氢速度分别是 Co@KS 和 Co@KT 的 5 倍和 37 倍，而且 Co@KD 催化 NH_3BH_3 制氢性能也优于 Co@SBA-15。催化剂 Co@KD 具有优异的催化性能是因为载体 KIT-6 具有丰富且互相连接的多孔结构，使得 NH_3BH_3 分子能够分散均匀并容易扩散到活性钴纳米粒子表面[49]。Astruc 等人针对非贵金属纳米粒子难于制备且在一定粒径范围内难稳定的问题，以金属有机框架化合物 Zif-8 为模型载体，通过 $NaBH_4$ 还原将钴、镍、铜、铁分别负载于 Zif-8 之上，利用载体具有较大的表面积与多孔结构的特点，使活性金属高度分散在载体表面并暴露更多的活性位点，并且减小了反应物向活性金属扩散的阻力。在制备的这些催化剂中，Ni/Zif-8 具有最好的催化活性。以 Ni/Zif-8 为研究对象，研究了反应动力学，通过实验发现基于改变催化剂浓度的实验结果，NH_3BH_3 制氢反应是一级反应，而基于改变 NH_3BH_3 浓度的实验结果，NH_3BH_3 制氢反应是零级反应。这种现象说明 NH_3BH_3 分子的活化不是制氢反应的决速步骤。并且在反应体系中分别加入氢氧根，与氢离子形成了反应的开关系统，加入氢氧根后反应开始，加入盐酸后反应停止，多轮反应后反应保持很好的开关反应性质，然而每轮释放的氢气逐渐减少（见图 1-9）。系统的实验表明氢氧根的引入提高了 NH_3BH_3 制氢速率，而氢质子的引入对反应产生了极不利的影响。同时考察了不同的阴离子对催化剂活性的影响，引入 $NaBF_4$、$NaBr$、NaF 及 Na_2SO_4 后催化剂的活性顺序为 $SO_4^{2-} > F^- > Cl^- > Br^- > I^-$，科学家通过控制加入氢氧化钠与盐酸溶液的顺序制备了 NH_3BH_3 制氢的开关系统，DFT 计算表明氢离子与金属镍、氢氧根离子与金属镍形成的化学键并不相同，与氢形成共价键与氢氧根形成离子键，共价键较弱，离子键较强，所以氢氧根与金属镍更容易成键。Ni 纳米粒子/ZIF-8 具有较好的循环性能，该催化剂循环到第五轮时性能轻微下降，但催化剂的晶体结构并没有破坏[50]。

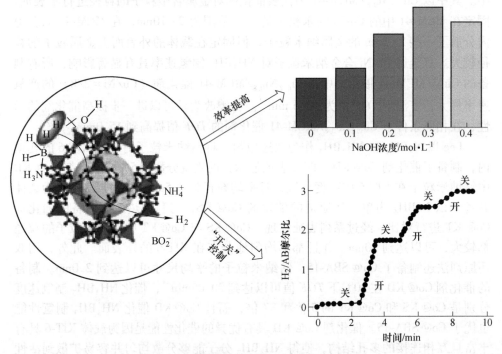

图 1-9 Ni 纳米粒子/ZIF-8 水解 AB 放氢机制

在负载金属型异相催化剂中，载体对催化剂活性具有重要甚至决定性的影响，弄清楚载体与活性金属之间的直接关系对设计高效催化剂是十分重要的。为了解决上述问题，Hu 等人选择可以在 341K 时发生相变的 VO_2 为载体，以 Na_3RhCl_6 为铑源，利用 VO_2 中 V^{4+} 与 Rh^{3+} 间的氧化还原反应，搅拌 4h 后洗涤与干燥后制得单原子催化剂 Rh_1/VO_2。HAADF-STEM 显示铑占据了钒原子的位置，以单原子的形式均匀地分散在 VO_2 表面。XANES 与 EXAFS 表征进一步证实载体 VO_2 表面的铑原子之间并没有形成 Rh—Rh，而是以单原子形式存在于载体表面，而铑外表面被氧化（见图 1-10）。在检测 Rh_1/VO_2 催化 NH_3BH_3 制氢活性时，调

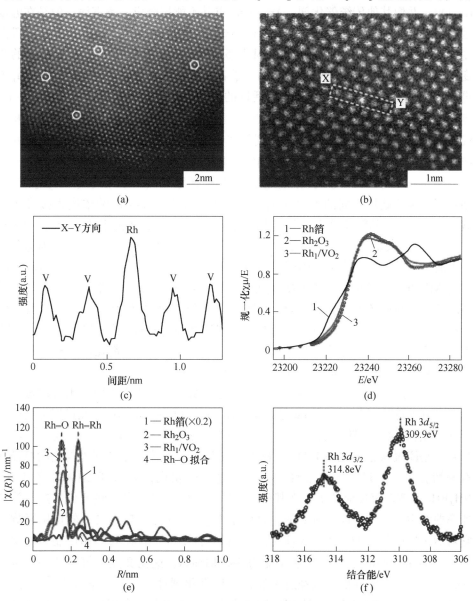

图 1-10 样品 HAADF-STEM、近边吸收光谱和 XPS 光谱图

（a）Rh_1/VO_2 的 HAADF-STEM 图；（b）修饰的 Rh_1/VO_2 的 HAADF-STEM 图；

（c）粒径与强度关系图；（d）Rh_1/VO_2、Rh_2O_3 及 Rh 箔的近边吸收光谱；（e）Rh_1/VO_2、Rh_2O_3

及 Rh 箔的扩展边吸收光谱与相应的拟合曲线；（f）Rh_1/VO_2 中 Rh 3d 的 XPS 光谱

控温度以 2.5K 的增长速度从 323.2K 升高到 358.2K，在这个温度区间 NH_3BH_3 已经完全消耗完，反应的活性随着温度的提高而增大，催化剂 Rh_1/VO_2 在 353.2K 与 333.2K 的 *TOF* 值分别是 $1.2s^{-1}$ 与 $0.8s^{-1}$。然而在整个温度区间内，Rh_1/VO_2 并像其他传统催化剂，Arrhenius 点并不能拟合成一条直线，但是在温度区间 345.7~358.2K 与 323.2~335.7K 时却可以拟合成直线。经过计算这两段温度区间的活化能分别约为 13.6kJ/mol 与 52.3kJ/mol。为了进一步确定载体的相变是催化剂反应时活化能不同的原因。学者选择活性炭为载体制备催化剂 Rh_1/C 进行对比，确定载体 VO_2 对催化剂活性的显著影响。与其他学者报道不同，Hu 等人发现 H^+ 对催化剂的活性具有促进作用。同时，用铁、钴、镍、铜、银及金代替铑负载于 VO_2 表面，同样观察到类似于催化剂 Rh_1/VO_2 的 Arrhenius 点并不能拟合成一条直线的现象，进一步确定了载体对催化剂活性的影响[51]。

Akbayrak 与 Özkar 等人以强还原剂 $NaBH_4$ 还原 Pt（+4）粒子于 Co_3O_4 表面，制备了两种负载量不同的 Pt/Co_3O_4。TEM 表征显示，$NaBH_4$ 的浓度直接影响负载于 Co_3O_4 表面的粒径尺寸。当铂的负载量为 0.24% 时，铂的平均粒径为 $3.6nm±0.7nm$；当负载量增加到 1.95% 时，铂的平均粒径为 $4.4nm±1nm$。这是因为负载量大时，铂纳米粒子产生了团聚。当负载量为 0.24% 时，铂基催化剂具有较高的催化 NH_3BH_3 制氢性能，其 *TOF* 值可以达到 $4366 min^{-1}$，并且催化剂具有较好的循环活性，在循环 10 轮时仍具有 100% 选择性与 100% 的转化率。催化剂具有优异的活性与循环性能的原因是活性组分与载体之间具有较强的相互作用力，XPS 表征证实了这一点。另外，Akbayrak 与 Özkar 等人证实催化剂在经过放氢过程后会产生磁性，这对催化剂的回收与再利用是极有利的[52]。

除了金属纳米粒子，一些金属粒子的化合物也在催化 NH_3BH_3 水解产氢中显示了良好的性能。2015 年，Fu 等人首先用 $Ni(OH)_2$ 和 NaH_2PO_2 经过煅烧反应制得 Ni_2P 纳米粒子。TEM 表征显示 Ni_2P 纳米粒子的粒径小于 12nm，同时显示纳米粒子是团聚状态（见图 1-11）。科学家发现 Ni_2P 纳米粒子的活性与它的粒径具有密切关系，粒径越大，活性越差。经过实验发现，对 Ni_2P 纳米粒子来说，NH_3BH_3 水解产氢反应并不是像其他反应体系中的零级而是一级反应，这与放氢速率曲线中出现诱导期是对应的，是由于 Ni_2P 纳米粒子与水之间的作用影响了它对 NH_3BH_3 分子的吸附。Ni_2P 纳米粒子在空气气氛中催化 N_3BH_3 制氢的初始 *TOF* 值为 $40.4min^{-1}$，反应的活化能为 44.6kJ/mol，这比文献中报道的一些贵金属催化剂的活化能要低，且经过多轮循环后催化剂性能没有显著变化[53]。该课题针对金属磷化物在催化 NH_3BH_3 制氢反应中由于水分子在催化剂表面的高度覆盖引起相对较长诱导期的问题，以磷化钴为模型催化剂，在反应体系引入氢氧根时，反应的诱导期几乎消失。这表明氢氧根可以通过与反应物形成氢键活化水分子的 O—H 键与 NH_3BH_3 分子中化学键。另外，实验结果表明 F^-、Cl^- 也同样可

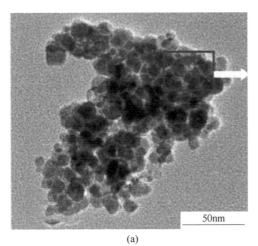
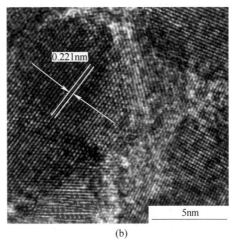

(a)   (b)

图 1-11 Ni_2P 纳米粒子 TEM（a）和 HRTEM（b）图

以减小磷化物对水分子的吸附，但是对诱导期的消除效果比氢氧根要差。同时文献作者还通过气相色谱检测技术与同位素实验相结合证明了反应体系中生成的氢气来源是水分子而不是氢氧根。理论计算也显示氢氧根在磷化钴表面吸附能比水的大。同时表明，氢氧根吸附的电子会因为与钴的相互作用转移到金属中心，提高 NH_3BH_3 分子制氢速率（见图 1-12）[54]。2017 年，Chen 等人用三元 Ni-Co-P 纳米颗粒催化 NH_3BH_3 水解放氢，TOF 值达 58.4min^{-1}。当将 Ni-Co-P 纳米颗粒分散在石墨烯上时，其 TOF 值可达 153.9min^{-1}。经过系统的实验与表征结合发现催化剂具有优异催化剂性能的原因如下：第一，Ni-Co-P 纳米颗粒分散在石墨烯上使催化剂的比表面积得到了很大提高，从而使纳米颗粒具有较好的分散性；第二，Ni-Co-P 与石墨烯之间存在界面作用。DFT 计算发现，钴有助于活化 NH_3BH_3 分子[55]。

除了上述的方法制备金属磷化物，还可利用相应 MOF 作为前驱体制备金属磷化物，提高它的性能。人们使用双金属 Zn/Co ZIF 作为前驱体制备催化剂 CoP@CNF。首先，通过在空气中直接煅烧 Zn/Co-ZIF-MOF 制备 Zn-Co-O@CNF；然后以 NaH_2PO_2 为磷源，与 Zn-Co-O@CNF 在氩气氛下 300℃反应进行磷化；最后经过盐酸溶液蚀刻得到多孔 CoP@CNF 催化剂。值得一提的是，在 Co-ZIF-67 中引入锌离子不仅可以扩大相邻钴中心的距离，改善钴中心在 MOF 中的分散，而且还在热解过程中对维持骨架结构起到了重要作用。表征结果表明，催化剂 CoP@CNF 具有均匀的多面体形态，像 CNF 一样，单个粒子尺寸约为 150nm。球形 CoP 纳米粒子的平均直径为 5~8nm，都均匀分散在 CNF 载体中。当增大前驱体锌的浓度，CoP 纳米粒子的尺寸可从 10nm 减小到 3.7nm。元素面扫图也进一

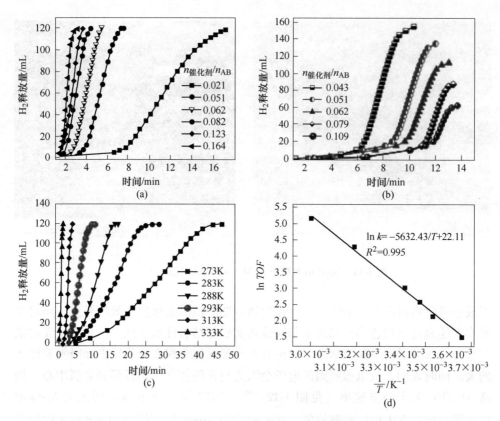

图 1-12 催化剂与底物之间的性能关系图

（a）298K 下催化剂 CoP 与 NH_3BH_3 不同摩尔比下氢气产量曲线；（b）H_2 产量与 AB 浓度关系曲线；
（c）H_2 产量与温度关系曲线；（d）ln TOF 与 $1/T$ 关系曲线

步证实了钴、磷和碳元素的存在。以含有不同 Co/Zn 摩尔比的 MOF 前驱体制备了催化剂 CoP@CNF，并考察了催化 NH_3BH_3 制氢活性。在所制备的催化剂中，Zn/Co 摩尔比为 1.5/1.5 时催化剂 CoP@CNF 表现出最好的催化性能，其在室温的 TOF 值可以达到 165.5min^{-1}[56]。

除了金属态纳米粒子具有高的催化产氢活性，通过调控催化剂结构，氧化态的金属物种也具备一定活性。Lee 等人将 $Cu_xCo_{1-x}O$ 纳米粒子负载在氧化石墨烯（GO）上制备了 $Cu_xCo_{1-x}O$-GO 催化剂，可以高效催化 NH_3BH_3 水解产氢，其初始 TOF 值达 70min^{-1}，5 轮循环后其活性保持了 94%。文献作者通过同步辐射相关的一系列测试表明，$Cu_xCo_{1-x}O$ 纳米粒子与 GO 之间的界面相互作用是催化剂具有高活性的根源（见图 1-13）[57]。Lu 等人合成了一系列的 $Cu_xNi_{1-x}Co_2O_4$（x = 0，0.2，0.4，0.5，0.6，0.8，1）纳米线，直径约 30nm。其中 $Cu_{0.6}Ni_{0.4}Co_2O_4$ 纳米线具有最高活性，其 TOF 值达到 119.5min^{-1}[58]。Zheng 等人合成了类似立方

体的 $Cu_{0.5}Co_{0.5}O$，负载在还原石墨烯上得到的催化剂具有较高的催化 NH_3BH_3 水解活性，*TOF* 值可达 $81.7min^{-1}$。同时该催化剂具有较高的稳定性，循环 5 轮后其活性仍可以保持 88.3%。文献作者指出催化剂中的铜可以活化水分子，随后与钴一起进攻 NH_3BH_3 分子，铜与钴之间的协同作用及金属与载体的相互作用导致了催化剂具有高的活性[59]。Dong 等人制备了不同形貌的铜纳米粒子催化 NH_3BH_3 水解产氢，催化剂的形貌与催化剂活性有很大关系。纳米立方体铜具有最高活性[60]。Jiang 等人报道了非贵金属 Ni-CeO_x 负载于石墨烯制备的催化剂，它们具有较高的催化活性，*TOF* 值为 $68.2min^{-1}$[61]。2019 年，Li 等人将粒径可控的单分散镍纳米粒子锚定在 g-C_3N_4 上，制备了 Ni/g-C_3N_4 催化剂。该催化剂在 25℃具有可见光催化 NH_3BH_3 水解的活性。当镍纳米粒子的粒径为 3.2nm 时，催化活性最高，*TOF* 值达 $18.7min^{-1}$，活化能为 $36kJ/mol$[62]。

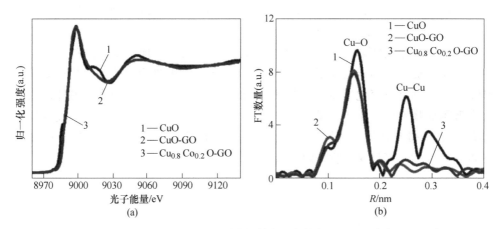

图 1-13　$Cu_{0.8}Co_{0.2}O$-GO 的一系列同步辐射表征与催化 NH_3BH_3 产氢过程示意图

目前，虽然非贵金属催化 NH_3BH_3 做了大量的研究工作，但是非贵金属与贵金属催化剂性能之间仍存在很大的差异。研究表明，光照能调控催化剂的电子密度，进而活化催化剂与反应物之间的中间态，提高催化活性。所以，将光催化引入储氢材料放氢体系中，最终将会大幅度提升非贵金属的催化放氢活性。

1.3　光催化硼烷氨放氢研究进展

随着化石燃料的枯竭及其燃烧后的生成物产生的环境问题日益加重，人们不得不去开发绿色清洁的新能源。太阳每年向地球提供近 $3.85×10^6 EJ$ 的能量，远远高于地球上每年所需要消耗的能量。如何将清洁无污染的太阳能转化为人类日常生产生活所需要的能量成为科学家们研究的焦点，光催化就是在这种背景下孕育而生的。光催化技术是利用太阳能进行环境净化和能源转化的新技术，主要分为能源光催化和环境光催化两种。能源光催化是将太阳能转化为高能量密度的化学能（如氢能），环境光催化是通过光催化反应分解污染物、灭菌或杀毒。自1972 年 Fujishima 与 Honda 发现光催化可以分解水产生氢气后，光催化技术得到迅速发展[63]。目前光催化主要应用于光催化水产氢、光分解有害物质、人工光合成、光致亲水和光电转换等领域。由于光催化中常用半导体材料为催化剂，半导体对光响应是利用光能的第一步，对其后续光生载流子的产生与迁移都有重要影响，因此具有光响应特性（可以直接吸收光而将其转化成化学能）的半导体一直是人们研究的热点。

1.3.1　半导体光催化机理

在半导体光催化机制中，首先，半导体捕获带有合适能量的光子，激发电子从价带跃迁至导带并且产生空穴；其次，电子和空穴分别迁移到半导体表面；最后，迁移至半导体表面的载流子与吸附的底物进行氧化和还原反应（见图1-14）[64]。前两步的发生是由于吸收太阳光而引起的，体现了半导体对太阳能的利用效率。提高太阳能的利用效率首先要扩大催化剂的光吸收范围。具有宽光谱响应的催化剂可以窄化半导体的带隙、增加光生载流子的分离效率。另外，载流子与吸附底物发生氧化还原反应时催化剂的能带结构要与反应底物的电极电位相匹配[65]，导带底越负、价带顶越正，越利于氧化还原反应的发生，但会使催化剂的带隙增加，可见光吸收变弱。

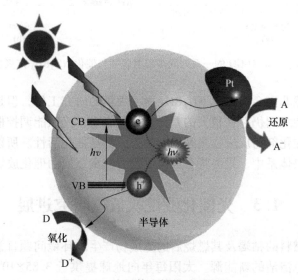

图 1-14　半导体光催化过程机理

1.3.2　半导体光催化

在光催化中，半导体 TiO_2 一直备受关注，但是其带隙值较大，为 3~3.2eV，较宽的带隙使 TiO_2 只能利用太阳光中不足 5% 的紫外光。为了克服 TiO_2 在光催化应用中的瓶颈，人们做了许多工作，比如沉积贵金属、表面修饰、制备复合催化剂或调控微结构等。2010 年，Ye 等人用 WO_3 修饰 TiO_2 薄膜，该催化剂具有良好的光降解异丙醇性能，同时还具有较高的稳定性[66]。2012 年，Hu 等人用氢化的方式改变白色 TiO_2 的微结构得到黑 TiO_2，使其吸收范围从紫外扩展到近红外，该催化剂显示出良好的光解水产氢性能[67]。2016 年，García 等人用溶剂热法将铜沉积在锐钛矿相的 TiO_2 上，铜进入 TiO_2 晶格里，促进了二氧化碳在可见光下能够催化转化成高附加值的化学品[68]。同年，Lin 等人利用少片层的 MoS_2 与 TiO_2 形成异质结使材料的导电性增强，有利于光生载流子的有效分离[69]。2017 年，Li 等人用 Au/TiO_2 作为 SPR 催化剂研究了水氧化反应，发现 SPR 产生的光生空穴主要分布在界面处，而电子迁移到 TiO_2 表面（见图 1-15）[70]。

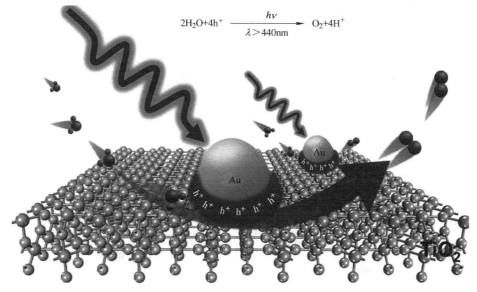

$$2H_2O+4h^+ \xrightarrow[\lambda > 440nm]{hv} O_2+4H^+$$

图 1-15　Au/TiO_2 光催化水氧化的界面效应

h^+—空穴

虽然科学家们对 TiO_2 进行了大量的表面改性，可以拓宽它的光利用效率，但开发本征带隙较小的其他无机半导体也是非常有意义的。钒是储量丰富、价格低廉的元素。近年来人们对钒基光催化材料的研究越来越多。对比各类钒酸盐，$BiVO_4$ 具有毒性小、可抗光腐蚀及带隙较窄（约 2.4eV）的优点，应用于光电水分解反应的光阳极、染料降解、光还原 CO_2 等光催化领域。为了提高 $BiVO_4$ 的性能，人们对其进行修饰。Xue 等人制备了 $Au-BiVO_4$ 催化剂，其在光催化染料降解中显示出比单组分更佳的性能，原因是 $BiVO_4$ 在受光照射后产生的光电子转移到金上，加上金的 SPR 效应，使得光生电子和空穴分离效率提高并有足够的时间去参与反应[71]。Lou 等人通过离子交换法，在 Na_2S 溶液中加入盘状的 $BiVO_4$，得到带有介孔外壳的 $BiVO_4/Bi_2S_3$ 异质结盘状纳米粒子，这种独特的结构使得该催化剂具有优异的光催化还原 Cr^{6+} 的性能[72]。鉴于光催化可以调控催化剂表面的电子密度的特点，一部分科学家已经将光催化引入 NH_3BH_3 制氢的体系。2015年，Li 等人以氰胺为原料，二氧化硅球为模板经过煅烧与 HF 刻蚀后成功地制备了介孔 $g-C_3N_4$，以其为载体、以 NH_3BH_3 为还原剂，原位还原 $CoCl_2 \cdot 6H_2O$ 与 $HAuCl_4$ 中的金属阳离子制备 $Au-Co@CN$ 催化剂。金属金与钴的功函数在 $g-C_3N_4$ 的导带与价带之间，这满足 Mott-Schottky 节的特点，使载体中电子向活性金属转移，促使金属表面电子富集。值得注意的是 UV-vis 表征中负载金属后样品的吸收强度明显增加，且观察到了金的等离子共振吸收的峰。经过系统优化，催化剂 $Au-Co@CN$ 的 *TOF* 值可以达到 $2897h^{-1}$，载体中电子向活性金属转移与金的等离子共振吸收共同作用促使催化剂具有较好的性能（见图 1-16）[73]。

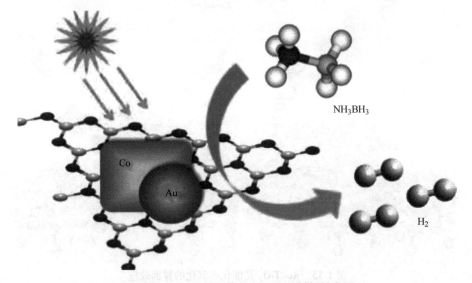

图 1-16　$Au-Co@CN$ 催化 NH_3BH_3 制氢示意图

　　Huang 等人以十六烷基三甲基氯化铵或溴化铵为表面还原剂，抗坏血酸为还原剂并稳定含有金与钯离子的前驱体液相溶液，合成了具有核壳结构的多面体立方体和正八面体的 Au-Pd 核壳及具有正八面体与立方体的金与钯粒子。SEM 表征显示合成的纳米晶体粒径均一，高度分散（见图 1-17）。所合成的含金纳米粒

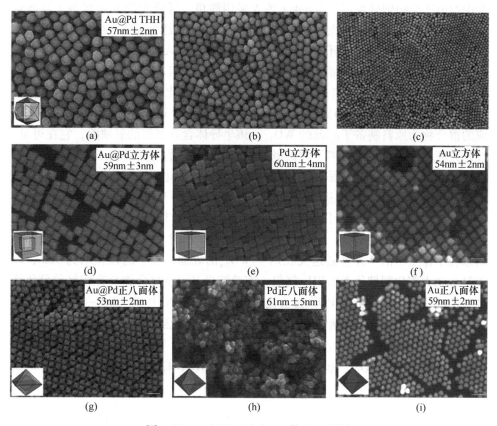

图 1-17 Au@Pd、Pd 和 Au 的 SEM 图片

（a）~（c）不同条件下 Au-Pd 纳米晶体不同放大尺寸的 SEM 图片；
（d）不同条件下 Au-Pd 纳米立方体的 SEM 图片；（e）Pd 纳米立方体 SEM 图片；
（f）Au 纳米立方体 SEM 图片；（g）Au-Pd 正八面体 SEM 图片；
（h）Pd 正八面体 SEM 图片；（i）Au 正八面体 SEM 图片

子在可见光区具有等离子共振吸收峰，随着纳米粒子形貌的改变，特征吸收峰的位置会发生改变。并且，形成核壳后可见光的吸收边明显红移。通过精准调控 Au-Pd 核壳纳米粒子形貌，调控它暴露的晶面，以 NH_3BH_3 制氢的速率考察晶面对合金催化活性的影响。暗催化时，发现催化剂的活性顺序是：金八面体<金立方体<钯八面体<Au-Pd 八面体<钯立方体< Au-Pd 立方体< Au-Pd 多面体。加光时所有催化剂的活性均有不同程度的增加，但是活性顺序不变。其中 Au-Pd 多面体核壳使其光催化活性显著提高，是暗催化活性的 3 倍。催化剂具有优异的催化活性，除了两种不同金属晶格失配产生的晶格应变与拓宽的光吸收两个方面的因素外，核壳表面电子态的改变也是重要原因。这是因为在 Au-Pd 核壳结构纳米粒子中，由于金与钯的功函分别为 5.3eV 与 5.6eV，因此两种金属形成核壳结构时，

金中的电子会向钯转移[74]。Barakat 等人采用简单、低成本的方法制备了高掺量掺钯钴纳米纤维。纳米纤维是通过在真空气氛中煅烧钯纳米粒子/四水醋酸钴/聚乙烯醇组成的静电纺纳米纤维合成的。表征显示，引入的双金属纳米纤维受到石墨层护套的化学保护。该催化剂具有较好的光催化 NH_3BH_3 水解性能[75]。

Lou 等人根据具有较高载流子浓度的过渡金属氧化物与金属硫化物半导体具有同贵金属（Au、Ag、Cu）一样的等立体共振效应，以 WCl_6、油酸及三辛胺形成的混合物为原料制备了超薄的 WO_{3-x}，该半导体含有丰富的氧缺陷，它在可见-红外光区展示了较强的等离子共振吸收峰，具有较短的光生载流子迁移距离，丰富的反应位点及较好的结晶性，该材料具有较差的催化 NH_3BH_3 制氢性能，但是仍然要比 WO_3 要好。为了进一步提高催化剂活性，将 WO_{3-x} 与具有类贵金属的电子捕获能力的 Ni_2P 进行杂化制备复合物 WO_{3-x}/Ni_2P。TEM 表征显示 WO_{3-x} 的形貌为纳米棒，平均粒径为 3nm、长度为 205nm，与 Ni_2P 形成杂化混合物后，Ni_2P 纳米粒子像三明治一样紧紧地夹在两个 WO_{3-x} 的表面，粒子的粒径约为 9nm，以该复合物为催化剂催化 NH_3BH_3 制氢，实验结果显示该复合物具有较好的催化活性，不同质量 WO_{3-x} 与 Ni_2P 形成杂化物的活性是纯 Ni_2P 的 10.5~13 倍（见图 1-18）。其中 WO：NiP-4 活性最好，产氢速率可以达到 27705mmol/（g·h）[76]。Zhang 等人同样也利用 WO_{3-x} 的等离子体共振效应，以 WO_{3-x} 为载体、铑为活性组分制备催化剂 Rh/WO_{3-x}，也具有较好的光催化 NH_3BH_3 制氢性能[77]。

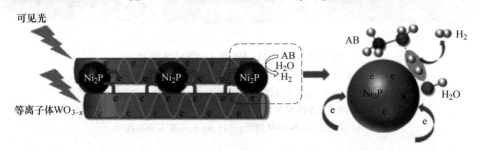

图 1-18　Ni_2P/WO_{3-x} 光催化 NH_3BH_3 制氢示意图

由于 $W_{18}O_{49}$ 是由非化学计量的原子构成，同 WO_{3-x} 一样具有等离子共振效应。Dong 等人以 $W_{18}O_{49}$ 为载体将银纳米材料固定在它的表面，两种材料形成的金属/非金属的催化剂在红外光的驱动下形成极强的等离子体耦合。该催化剂是以氟掺杂 SnO_2 玻璃为衬底，通过在 $W_{18}O_{49}$ 纳米线薄膜上随机组装银纳米线（NR）制成的。通过三维模拟，证明银纳米材料和 $W_{18}O_{49}$ 纳米线之间的等离子体耦合效应显著增强了"热点"处的局域电场。这可以达到了入射光的 $10~10^4$ 倍，从而促进了等离子体"热电子"的产生。此外，异质结构上等离子体耦合的共振激发不仅诱导 $W_{18}O_{49}$ 中电子向银纳米材料转移，同时还会诱导光热效应，从而提高催化剂局域温度。在光催化 NH_3BH_3 制氢反应中，在强 SPR 耦合作用下，与银纳米材料或 $W_{18}O_{49}$ 纳米线相比，$Ag/W_{18}O_{49}$ 异质结构催化 NH_3BH_3 制氢活性显著提高[78]。

　　日本科学家 Yamashita 等人在光催化 NH_3BH_3 制氢方面做了许多工作。2014 年，他们以金属钼粉、H_2O_2 及 C_2H_5OH 为原料通过溶剂热法制备了在 680nm 处具有较强表面等离子体共振吸收的半导体 MoO_{3-x}。与传统制备具有离子共振效应的半导体相比，该方法因为没有引入表面活性剂，使半导体的光吸收强度显著增大。其中溶剂 C_2H_5OH 在该反应体系里既是溶剂也是还原剂，对 MoO_{3-x} 的吸收峰位置具有显著影响。用还原性不同的异丙醇与丁醇替换 C_2H_5OH，可以调节 MoO_{3-x} 的吸收峰位置到 950nm 与 870nm 处。UV-vis 光谱表征清晰地显示了不同条件制备的 MoO_{3-x} 的共振吸收峰的位置。XAFS 与 XPS 表征都表明 MoO_{3-x} 中的钼元素存在 +5 与 +6 两种价态。以 NH_3BH_3 制氢为模型反应，考察 MoO_{3-x} 的活性。实验结果表明，无光照时，MoO_{3-x} 具有催化 NH_3BH_3 制氢活性。在可见光催化时活性显著提升，甚至是贵金属催化剂 Ag/SBA15 活性的 2 倍（见图 1-19）。为了排除半导体 MoO_{3-x} 在吸收可见光后产生的带间电子跃迁对催化剂活性的影响，明确光催化时催化剂活性显著提升的原因，他们将照射光的波长调节为大于 450nm 时，发现催化剂的活性基本是一致的，这也说明催化剂活性的提升是由于等离子体共振吸收产生的[79]。

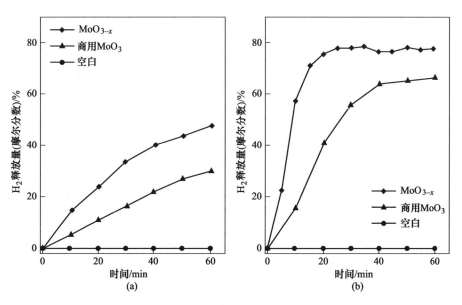

图 1-19　样品室温催化 NH_3BH_3 放氢性能图

（a）暗反应；（b）光反应（$\lambda > 420nm$）

　　在上述工作的基础上，2015 年，Yamashita 等人针对在金属负载型光催化剂中，无机半导体光利用效率低的问题，选择 MoO_{3-x} 为载体，利用它的等离子体共振效应增强了催化剂在可见光区与近红外区的光吸收。催化剂的制备过程采用两步法，首先利用热解 $(NH_4)_6Mo_7O_{24}·4H_2O$ 制备 MoO_3，在利用强还原剂 $NaBH_4$ 还原 H_2PdCl_4 将钯固定在载体 MoO_3 表面的同时使它表面产生缺陷，形成催化剂 Pd/MoO_{3-x}。TEM 表征显示 Pd/MoO_{3-x} 的形貌，MoO_{3-x} 为纳米盘结构，钯为纳米粒子，平均粒径约为 10.3nm。UV 表征显示 MoO_3 只可以吸收紫外光，而催化剂 Pd/MoO_{3-x} 却表现出在可见光区及红外光区的显著吸收。这对提高催化剂光催化活性是非常重要的。而 XPS 表征显示钯是以零价态金属单质存在。与 MoO_3 中只存在 Mo^{6+} 相比，MoO_{3-x} 中还存在大量的 Mo^{5+}（见图 1-20）。另外，催化剂经氧气煅烧后可以恢复成 Pd/MoO_3，从而形成循环。以光催化 NH_3BH_3 制氢为模型反应考察催化剂的活性。在暗催化时，催化剂 Pd/MoO_{3-x} 的活性要高于对比催化剂 MoO_{3-x} 与 Pd/SiO_2。经过系统的对比实验显示，Pd/MoO_{3-x} 催化剂之所以具有优异的催化活性是因为钯纳米粒子与 MoO_{3-x} 纳米盘的协同作用。在光催化时，Pd/MoO_{3-x} 的活性显著提高，活性是暗催化的 4 倍。值得注意的是 MoO_{3-x} 的光催化活性也得到提高，而 Pd/SiO_2 的活性基本不变[80]。

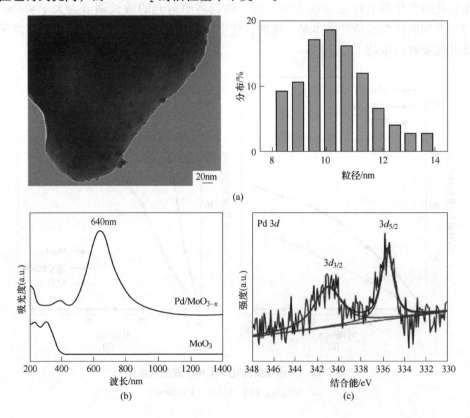

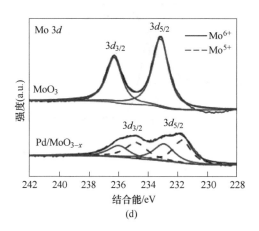

图 1-20　Pd/MoO₃₋ₓ 的 TEM、UV 和 XPS 图

（a）Pd/MoO₃₋ₓ 透射电镜图像和粒子尺寸分布图；（b）Pd/MoO₃₋ₓ 和 MoO₃ 的 UV—vis—NIR 图；
（c）Pd/MoO₃₋ₓ 中 Pd 3d XPS 图；（d）Pd/MoO₃₋ₓ 和 MoO₃ 中 Mo 3d XPS 图

2015 年，Yamashita 等人利用杂化的 MOF 的光学与吸附能力优于单一 MOF 的特点，利用水热法在原位将铈引入 MIL-101-Cr 的结构中，制备了铈掺杂的 MOF CeMIL-101，并以此杂化 MOF 为载体利用氢气还原 PdCl₂，将金属钯负载于该 MOF 表面及孔洞内。TEM 表征显示 MIL-101-Cr 与 Ce/MIL-101-Cr 的粒径均约为 50nm，而 Pd/MIL-101-Cr 与 Pd/CeMIL-101-Cr 中钯纳米粒子的粒径分别为 2.6nm 与 2.8nm。两种催化剂中都没有观察到明显钯纳米粒子团聚，样品 XAFS 表征进一步证明了铈是以 +3 价掺杂到 MIL-101-Cr 中，催化剂的 EXAFS 谱图表明钯纳米粒子已经负载在 MIL-101-Cr 与 CeMIL-101-Cr 表面上（见图 1-21）。测试催化剂性能时发现，两种载体只有轻微的活性，而负载钯后活性显著的增加，特别是光催化时 TON 值分别为 977 与 2357。与暗催化相比，Pd/CeMIL-101-Cr 在光催化时的活性增长了 4 倍。经过系统的对比实验，钯纳米粒子粒径并不是 Pd/MIL-101-Cr 与 Pd/CeMIL-101-Cr 两种催化剂活性存在显著差异的原因。催化剂 Pd/Ce-MIL-101-Cr 具有优异的性能是因为钯与铈掺杂 MOF 的协同作用。在机理研究中发现，由于 Ce/MIL-101-Cr 具有高效的光生电子与空穴的分离能力，产生了更高浓度的羟基自由基，促进了 NH₃BH₃ 分子中 B—N 断裂[81]。

2016 年，该课题组同样以铬基 MOF MIL-101-Cr 为载体，通过 NaBH₄ 还原制备了催化剂 Cu/MIL-101、Co/MIL-101 及 Ni/MIL-101，这三种催化剂具有不同的催化 NH₃BH₃ 制氢活性，其 TOF 值分别为 1693h⁻¹、1571h⁻¹ 及 3238 h⁻¹。系统实验与表征表明催化剂具有的优异性能是因为在非贵金属纳米粒子和光活性金属—有机骨架的协同作用下，促进了 NH₃BH₃ 分子的活化及高能活性中间体羟基自由基、超氧阴离子和光生电子的产生。此外，提出了光催化 NH₃BH₃ 制氢的机制：

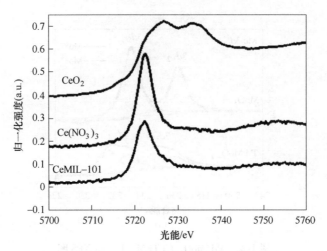

图 1-21　CeO_2、$Ce(NO_3)_3$ 和 CeMIL-101 经过归一化处理的 XANES 谱图

载体 MIL-101-Cr 吸收可见光后，配体中的电子从最高分子占有轨道跃迁到最低分子未占据轨道，并向活性金属纳米粒子转移，接下来电子与反应体系溶解的氧分子反应，形成超氧自由基。同时，在最高占有分子轨道由于电子跃迁产生的空穴与水分子反应，产生高能量羟基自由基。在 NH_3BH_3 分子中含有两种氢原子，与硼成键的氢带负电，与氮成键的氢带正电。另外 NH_3BH_3 分子中 N—B 的键能比较小。催化剂与 NH_3BH_3 分子会形成活性中间体，H_2O 分子会攻击 N—B 键而产生氢气。在光催化中不仅是 H_2O 分子，反应过程中生成的活性中间体，如羟基自由基、超氧阴离子和光生电子同样促进 N—B 键断裂[82]。

Wei 等人通过原位磷化成功地将 RuP_2 量子点负载于石墨氮化碳（$g-C_3N_4$）表面上，该催化剂具有优异的光催化 NH_3BH_3 水解效率。通过表征发现，$g-C_3N_4$ 在可见光照射时产生的光生电子与空穴有效地提高了 RuP_2 的催化活性，当光照时该催化剂的活性显著提高，催化 NH_3BH_3 制氢室温下的 *TOF* 值提高了 110%，达到 134 min^{-1}。此外，表观活化能从 67.7kJ/mol±0.9kJ/mol 下降至 47.6kJ/mol±1.0kJ/mol[83]。

Astruc 等人发现，当可见光照射以树枝状大分子稳定的合金纳米粒子为催化剂时（由纳米金和另一种后过渡金属纳米颗粒（LTMNP）组成），NH_3BH_3 或 $NaBH_4$ 水溶液可以大大提高催化剂的活性，同时诱导合成金核@过渡金属壳的重组纳米催化剂（见图 1-22）。在可见光催化 NH_3BH_3 和 $NaBH_4$ 产氢的反应体系中，Au_1Ru_1 合金表现出最好的反应活性。Au-Rh 和 Au-PTNP 在光催化时活性也显著提升。催化剂具有较好的光催化性能是因为具有等离子共振效应的金在可见光诱导下产生的热电子从金原子转移到能够促进水氧化的 LTMNP 表面上。另外，由于催化剂结构在光照下进行了重组，催化剂不但具有较好的循环性，同时活性得到了进一步提高[84]。

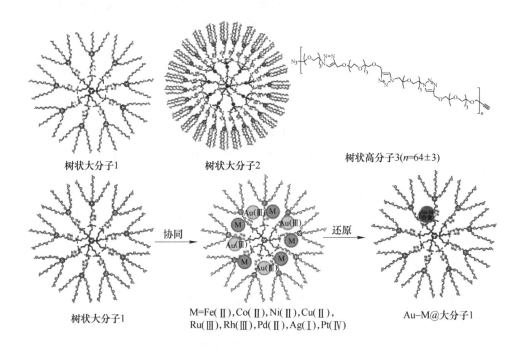

树状大分子1　　　　树状大分子2　　　　树状高分子3(n=64±3)

树状大分子1　　　M=Fe(Ⅱ),Co(Ⅱ),Ni(Ⅱ),Cu(Ⅱ),　　　Au—M@大分子1
　　　　　　　　　　Ru(Ⅲ),Rh(Ⅲ),Pd(Ⅱ),Ag(Ⅰ),Pt(Ⅳ)

图 1-22　高分子稳定纳米金催化剂的合成 Au-LTMNP 示意图

　　Govorov 等人利用具有等离子共振效应的半导体可以向其周围传输热电子的性质，以商业购买的具有等离子共振效应的半导体 TiN 经过处理后为载体，负载铂纳米粒子制备催化剂，同时制备催化剂铂/Al_2O_3 作为对比样。高分辨电镜显示，在催化剂 Pt/TiN 中铂纳米粒子的平均粒径为 3.3nm± 0.3nm，并且可以与 TiN 的外表面形成一个明显的界面。催化剂 Pt/Al_2O_3 中铂纳米粒子的平均粒径为 1.8nm。催化剂 Pt/TiN 具有催化 NH_3BH_3 制氢活性，光催化时活性显著升高，量子效率可以达到 120%。催化剂 Pt/Al_2O_3 在光催化与暗催化时的活性却并不显著，这也说明载体在负载型催化剂中的作用。另外在研究反应动力学时发现，光催化时载体 TiN 表面热电子会直接参加反应过程，并且最终热电子会加速 B—H 的断裂[85]。

　　Yan 等人制备了暴露更多（1 1 1）晶面的 β-SiC 纳米线，并以此为载体，通过 $NaBH_4$ 分别还原 $RuCl_3 \cdot 3H_2O$ 与 $H_2PtCl6 \cdot 6H_2O$ 溶液。将钌与铂负载于 β-SiC 纳米线的表面，制备催化剂 Ru/β-SiC 与 Pt/β-SiC。TEM 表征显示，β-SiC 纳米线的粒径变化范围是 80~150nm，长度约为 20~30μm。负载金属后，金属可以均匀地分散在载体表面，值得注意的是，由于铂比钌更容易团聚，负载于 β-SiC 表面时形成的颗粒更大一些。暗催化时，Pt/β-SiC 与 Ru/β-SiC 的催化 NH_3BH_3 制氢 TOF 值为 18.0min^{-1} 与 14.0min^{-1}，而光催化时两种催化剂的 TOF 值分别增长为 26.5min^{-1} 与 27.4 min^{-1}。经过理论计算，发现催化剂因为与金属的电子轨道杂化导致带隙变小，调控了催化剂的电子结构，提高了催化剂活性[86]。

科研工作者在通过调控金属基催化剂的密度时，大多是富集活性金属的电子密度，然而 Zou 等人报道了降低活性组分电子密度同样也可以提高催化剂的活性。具体的做法是，先配制含有醋酸钠的碱性溶液，滴加到溶有 Ni(OAc)$_2$·4H$_2$O 与 Co(OAc)$_2$·4H$_2$O 的溶液中。清洗并干燥后的产品用 NaH$_2$PO$_2$ 进行磷化得到 NiCoP，再将它与 TiO$_2$ 在室温下搅拌 12h，制备催化剂 NiCoP/TiO$_2$，其中 NiCoP 为活性组分。经过 XPS 与光电表征证明，两组分之间存在着电子相互作用，NiCoP 中电子向 TiO$_2$ 转移。由于催化剂表面电子分布不均匀，使 NH$_3$BH$_3$ 中 B—H 键与 H$_2$O 中 O—H 键得到活化，从而显著提高催化剂的活性[87]。Liu 等人将多种调控催化剂电子密度的方式进行耦合，大大加速了 NH$_3$BH$_3$ 制氢的反应速率。他们将 NiCu 合金负载的氮化碳纳米片制备催化剂 Ni$_x$Cu$_y$/CNS，该催化剂在可见光照射下 *TOF* 值比相应暗条件下的高出 3.5 倍。光电化学表征表明，催化剂在光催化时催化活性的提高主要来源于 NiCu 间的合金效应、活性合金与半导体载体间肖特基结界及铜表面等离子体共振效应、增加局域电子浓度三方面的耦合作用。这种协同作用显著增加活性成分镍表面的电子密度。更重要的是，通过红外光谱确定了制备的氢气来源是通过三条主要路径形成的：（1）两个氢原子来自—BH$_3$；（2）两个氢原子来自 H$_2$O；（3）一个氢原子来自 H$_2$O，另一氢原子来自—BH$_3$。理论计算结果显示，H$_2$O 分子的活化是一个速率限制步骤，经过多渠道将镍表面电子密度富集后降低了 B—H 键与 O—H 键断裂的能垒，而催化剂在进行光催化时，催化剂表面的电子不平衡进一步增大，这提高了反应的速率[88]。一般来说，反应体系在光照时温度会升高，学者们在进行光催化试验时，通常是利用外加恒温冷凝水保持反应体系温度考察反应温度，Li 等人进一步将光热催化引入 NH$_3$BH$_3$ 制氢体系，以高化学稳定性和窄禁带的纳米 Ti$_2$O$_3$ 颗粒为模型催化剂，利用光催化产生的热将光催化与热催化相结合来提高反应速率。该研究结果可为 NH$_3$BH$_3$ 制氢在燃料电池中的应用提供基础[89]。

本书作者及团队成员在光催化 NH$_3$BH$_3$ 制氢的反应催化剂设计及反应机理研究方面进行了大量的工作。考虑到 g-C$_3$N$_4$ 是具有可见光响应的二维层状化合物，化合物结构容易调控，且具有较好的耐酸碱性，作者课题组选择 g-C$_3$N$_4$ 为载体对它进行了系列改性，设计了一系列以 g-C$_3$N$_4$ 为载体的催化剂。首先，2017 年报道了以三聚氰胺为前驱体，通过马弗炉高温煅烧有机前驱体制备 g-C$_3$N$_4$。以制备的 g-C$_3$N$_4$ 为载体原位还原负载了过渡金属钴、镍、铁与双金属 CuCo、FeCo、NiCo、CuNi、FeNi 制备了一系列光催化剂。TEM 表征显示，虽然金属纳米粒子的负载方式是一样的，但是金属纳米粒子的结晶性却有很大的区别，当钴作为单一活性组分时，它具有良好的结晶性。当与其他金属形成合金时，活性组分为无定型态。利用 g-C$_3$N$_4$ 吸收可见光后产生光生电子，光生电子转移到活性金属表面，提高了活性金属的电子密度。系统实验结果显示活性组分为 Co、FeCo、CuCo 时催化剂具有较好的催化活性，其 *TOF* 值依次为 55.6min^{-1}、68.2min^{-1}、75.1min^{-1}。另外，研究表明照射的可见光波长与强度对催化剂的活性都有显著影响[90]。同年，作者课题组以双氰胺为前驱体，通过调控前驱体煅烧温度（500℃、540℃、560℃、580℃、600℃、620℃、630℃）来调控载体 g-C$_3$N$_4$ 的微结构，并采用原位一步还原法将非贵金属负载于它的表面（见图1-23）。PL 表征结果显示，经过热处理的载体光生电子与空穴的复合效率降低，而两者的分离效率显著提高。该催化剂的光催化活性较高，是当时报道的非贵金属中活性最高的，*TOF* 值达到了 93.8min^{-1}。通过系列表征显示，催化剂具有优异的催化性能是因为经热处理制备的载体 g-C$_3$N$_4$ 微结构得到改变，从而使它的能带位置发生改变，提高了它光生载流子的分离效率，使其表面更多的光生电子向活性金属转移，加速 NH$_3$BH$_3$ 分子中化学键的断裂[91]。同年，作者以光活性 MOF 为载体，通过选择不同的金属中心与金属有机框架配体调控 MOF 结构，进而调控它作为载体负载非贵金属制备的催化剂性能，系统的实验显示，在所制备的催化剂中 Co/MIL-101（Cr）具有最好活性，它的 *TOF* 值可以达到 117.7min^{-1}，这也是当时文献报道的钴基催化剂最好的性能[92]。接下来作者通过制备不同镍与磷比的磷化物 Ni$_2$P、Ni$_2$P$_5$、Ni$_3$P 调控镍与磷两种元素之间的电子转移的强度，考察催化剂电子结构对其活性的影响。通过实验发现随着镍与磷比的增加，三种磷化物的活性下降，Ni$_2$P 的活性最好。另外，通过向反应体系中添加氢氧根，利用光照

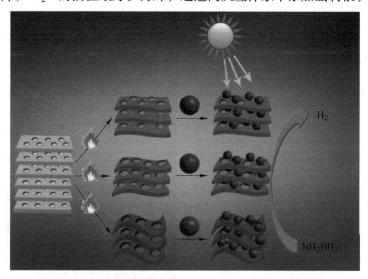

图 1-23　C$_3$N$_4$ 微结构调整及催化 NH$_3$BH$_3$ 制氢示意图

它可以产生羟基自由基来考察反应活性中间体羟基自由基浓度对催化剂活性的影响，控制氢氧根浓度调控羟基自由基的浓度。将 PL 表征与实验相结合，显示催化剂活性先随着羟基自由基浓度增大而增大，继续增大羟基自由基浓度的浓度，催化剂活性减小[93]。

考虑到过渡金属氧化物中含有氧缺陷可以拓宽半导体的光吸收范围，调控半导体为二维片层结构可以减少载流子的传输距离，将片层厚度进一步减小则可以再一次减小载流子传输距离。另外，载体表面含介孔结构既可以更有效地利用太阳光又可以增加缺陷浓度。本书作者以过渡金属氧化物 V_2O_5 为模型载体，通过两步法制备了表面具有孔结构且具有丰富氧缺陷的 V_2O_5。第一步采用 NH_4VO_3 为原料，经过热解制备 V_2O_5。第二步在不同温度下，由氢气处理上述制备的 V_2O_5 使其表面产生不同浓度的氧缺陷。TEM 电镜表征显示经过第一步煅烧产生的 V_2O_5 片层较薄，并且表面产生了大量的孔结构。而经过氢气处理后，载体的形貌并没有受到影响，晶面间距也没受到影响，说明氢气处理后并没有对 V_2O_5 的晶体结构产生显著影响。以此制备的 V_2O_5 为载体，采用原位还原的方法将 Co^{2+} 离子还原到它的表面，制备催化剂 Co/V_2O_5，催化剂的形貌保持了载体的形貌，但是由于金属纳米粒子的沉积使得它的表面变得粗糙（见图 1-24）。XRD 与 XPS 表征同时证明氧缺陷的存在。另外，随着氢气处理温度的不同，V_2O_5 纳米片的颜色逐渐由淡黄色转变为棕色，也证明氧缺陷的存在，且可见光的吸收范围逐渐拓宽。以 Co/V_2O_5 为催化剂催化 NH_3BH_3 制氢反应时，该催化剂表出很小的活性差异，说明载体结构的调整对催化剂活性几乎没有影响。当在反应体系引入可见光时，催化剂的活性显著提高，不同的催化剂活性提高的幅度不同，其中 Co/V_2O_5 具有最好的活性，其 *TOF* 值为 120.4min^{-1}，在当时报道的非贵金属催化剂中性能是最高的。经过系统表征发现，催化剂具有优异催化活性是因为载体表面存在丰富的氧缺陷与介孔结构，这些特征可以提高它的可见光利用率及光生载流子分离效率[94]。

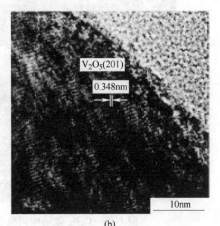

(a)   (b)

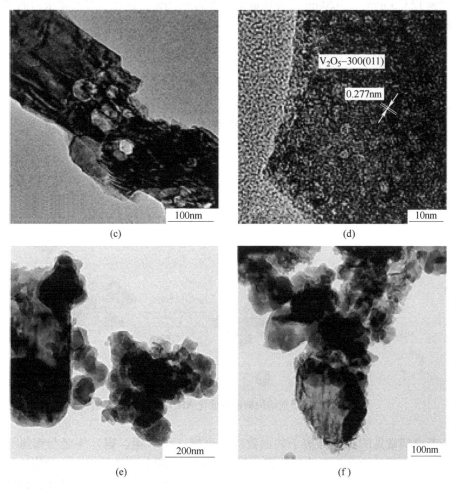

图 1-24　V₂O₅ 及 Co/V₂O₅ TEM 图片

（a）（b）V₂O₅；（c）（d）V₂O₅-300℃；（e）Co/V₂O₅；（f）Co/V₂O₅-300℃

　　2020 年，采用两步法制备 g-C₃N₄，首先将三聚氰胺和 2，4，6-三氨基嘧啶在 100℃下共聚制备前驱体，所制备的前驱体与作为气相模板的 NH₄Cl₄ 在 550℃下反应可制得 g-C₃N₄。通过调控三聚氰胺和 2，4，6 三氨基嘧啶的比例可以调节 g-C₃N₄ 的结构（见图 1-25）。TEM 表征显示 g-C₃N₄ 的片层变薄，表面产生了大量的孔结构。载体的这两种特点对提高催化剂的光催化活性是十分有利的。经过系统表征发现，调控 g-C₃N₄ 中原子与纳米尺寸的微观结构后，g-C₃N₄ 中碳取代了氮，带隙可以调控在 0.71~2.34eV 之间。借助载体的结构调控，通过原位还原负载钴和镍纳米粒子制备的非贵金属基催化剂结构也得到调整。其中钴基催化剂在暗催化时 *TOF* 值范围为 37.5~44.1min⁻¹，光催化时最好的催化剂 *TOF* 值可

以达到 123.3 min^{-1}，420nm 处表观量子产率为 66.9%，这在当时文献报道的非贵
金属催化剂中性能是最好的[95]。

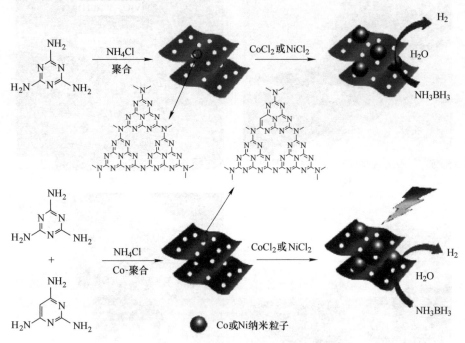

图 1-25　C$_3$N$_4$ 微结构调整及催化 NH$_3$BH$_3$ 制氢示意图

考虑到常见的具有等离子共振效应的金属（金、银、铜）中金与银虽然具
有可调的、明显的共振吸收峰位置，但是它们在地球上的储量较小，价格比较昂
贵，所以作者课题组选择具有等离子体共振效应的廉价金属铜作为载体，以廉价
金属钴与镍作为活性组分，采用原位还原的方法制备非贵金属催化剂。利用可见
光照时载体铜会因共振吸收产生大量的光生电子，而这些光生电子会转移到活性
金属表面从而提高其表面电子密度，制备了不同粒径的铜纳米粒子（见图1-26）。
通过调控载体铜的纳米粒子的粒径（55nm、130nm、190nm、270nm、440nm）
来调控调节铜纳米粒子的等离子共振吸收峰的位置，从而进一步调控活性组分钴
与镍表面的电子密度。不同粒径的铜纳米粒子负载非贵金属纳米粒子时，它们的
光催化活性并不相同，其中铜的纳米粒子的粒径为 190nm 时，制备的钴基催化剂
具有最好的性能，其室温光催化 NH$_3$BH$_3$ 的 *TOF* 值可以达到 164.8min^{-1}。另外，
过渡金属钴与镍在可见光照射下会产生带间电子跃迁，而催化剂具有的优异催化
性能正是由于铜的等离子共振效应与钴和镍金属中电子的带间跃迁协同产
生的[96]。

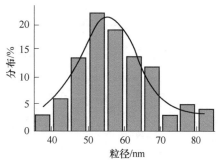

(a)

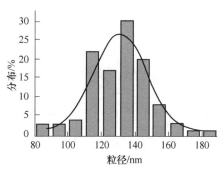

(b)

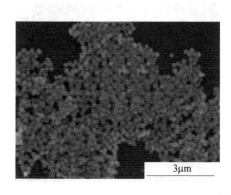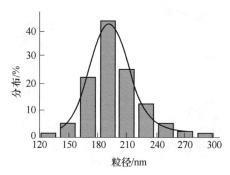

(c)

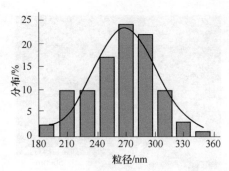

(d)

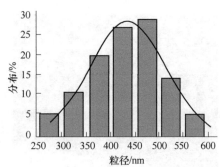

(e)

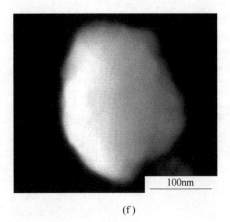

(f)　　　　　　　　　　　　　　　　　　(g)

(h)

图 1-26 不同粒径的铜纳米粒子的 SEM 图与粒径分布图

(a) Cu-55；(b) Cu-130；(c) Cu-190；(d) Cu-270；(e) Cu-440；

(f) Co/Cu-190 的 HAADF-STEM 图；(g) 铜元素面扫图；(h) 钴元素面扫图

基于目前 NH_3BH_3 制氢的发展现状与作者课题组已取得的宝贵经验发现，将光催化引入 NH_3BH_3 制氢后可以有效地提高氢气的释放速率。在光催化反应中载体的能带位置对催化剂的活性具有显著的影响，因为它影响催化剂活性的光吸收范围与光生载流子分离效率。然而，单一载体制备催化剂因为自身能带位置的影响很难同时满足对光活性催化剂具有宽光谱响应与高载流子分离效率的要求。制备半导体异质结一直被看成解决上述问题的有效途径。

1.4 类芬顿催化技术研究进展

随着工业化的快速发展和人们生活水平的不断提高，对能源的消耗日益增加，从印染、造纸、化工、酿酒等行业产生的工业有机废水，具有排放量大、色度高、有毒性、成分复杂和难生化降解等特点，存在巨大的健康风险[97]。基于此，寻求高效、经济地降解有机污染物的技术刻不容缓。在众多去除废水有机污染物的方法中，传统芬顿氧化技术工艺成熟，对部分持久性有机污染物高效降解，且可辅以光、电、超声、微波等手段，其应用范围逐年扩大。但光、电、热、超声、微波等辅助技术使用条件苛刻，例如可见光和紫外光利用率低、电能耗较高、超声波和微波处理需具有明显的协同作用、对设备要求高等。由于催化剂具有活性高、选择性强、有一定的循环寿命、运行费用低等优点，类芬顿催化法具有广阔的应用前景。

1.4.1　类芬顿催化技术优势

传统芬顿法，H_2O_2一次性大量加入，多余的H_2O_2无法回收且易分解为H_2O和O_2，故在使用过程中存在巨大的浪费和安全隐患。类芬顿催化法与其他工艺（生物法、混凝法、活性炭）或辅助手段（光、电、热、超声、微波）与芬顿联合法相比，具有较大的可操作空间：

（1）非均相催化剂易回收，满足环保要求，利于工业上的推广和应用。均相液相芬顿反应的铁离子流失浪费且浓度高的铁离子残留液生成铁泥后增加了处理成本，不符合环保要求。同时，由于H_2O_2的加入量大大超出理论需求量，过量的H_2O_2不能回收利用，制约了均相催化剂的工业化生产。非均相液固反应的催化剂易分离且可反复使用，避免了上述弊端，且非均相催化剂可通过加热、臭氧化、光照、超声、微波等辅助作用增强催化活性，达到既可提高降解率又可减少H_2O_2使用量的效果，有利于工业上的推广和应用。

（2）催化反应条件柔和，催化剂能循环使用。常见的工艺或辅助手段与芬顿联合法主要弊端如下：生物与芬顿联合法主要利用微生物在生长过程中对染料分子的吸附、富集和降解来净化染料废水。由于不同微生物对不同结构染料的驯化作用、适用能力、可生化性不同，加之培养微生物菌种周期较长，生物与芬顿联合法不适合工业化生产。吸附剂与芬顿联合法显示出良好的处理效果，其原理为利用吸附剂疏松多孔的性质物理吸附，使有机污染物分子转移到吸附剂上。但吸附容易脱附难，导致大量废弃吸附剂堆积，吸附剂再生利用困难，成本较高。絮凝剂与芬顿联合法吸附容量大、脱色率高、操作简便，但投加量大，适用范围小、费用高、泥渣量大。光—芬顿光能利用率低，H_2O_2见光易分解，成本较高。电—芬顿需外通直流电，电化学产生H_2O_2，阴极持续Fe^{2+}再生提高了降解速率，但反应装置复杂，电极材料和能耗增加了运营成本。对比以上弊端，催化剂活性中心铁、钴、铜等金属储量丰富，其类芬顿反应可在常温、常压下进行。改性M41S介孔分子筛作为载体材料，其比表面积、孔径、孔容等可控，调控条件温和。非均相催化剂可重复使用，具有一定的循环性能。各种芬顿联合法对比见表1-1。

表 1-1　各种芬顿联合法对照表

联合方式	反应条件	降解周期	工艺操作	投料量	固废物
生物法	常温常压	长	简单	大	有
吸附剂	常温常压	长	简单	大	有
絮凝剂	常温常压	长	简单	大	有

联合方式	反应条件	降解周期	工艺操作	投料量	固废物
光	光照	短	复杂	小	无
电	通电	短	复杂	小	无
催化剂	常温常压	短	简单	小	无

因此，鉴于非均相铁基金属类芬顿催化剂具有无害化、利于资源化的特点，通过化学方法提高催化活性，增加 H_2O_2 的利用率，可为进一步实现与当前水处理工业的友好连接助力。

1.4.2 类芬顿催化剂

非均相类芬顿催化剂是个复杂系统，活性组分、H_2O_2、载体、降解物之间存在着错综复杂的关系，研究内容多集中在提高催化活性和应用性能两个方面。该类催化剂可分为金属氧化物、金属螯合物和负载型金属三类。

1.4.2.1 金属氧化物催化剂

铁、铜、锰、钨、金、银、钯等过渡金属由于具有两种或以上的化合价态，可与 H_2O_2、过硫酸盐等氧化剂发生芬顿/类芬顿反应，产生 $\cdot OH$ 或 $\cdot SO_4$ 等强氧化性自由基，使有机污染物化学键断裂而降解。反应原理如图 1-27 所示[98]。由于铁储量丰富（磁铁矿、赤铁矿、针铁矿），工业产品铁氧化物（Fe_2O_3、Fe_3O_4、$FeOOH$）作为催化剂广泛应用于水处理工艺，但活性不高，对降解物有选择性，市场价值不大。

对催化体系来说，由于多组分电子和晶格相互作用，多金属比单金属表现出增强的协同效应，因此，多种金属充当催化剂活性组分，除了各自发生芬顿/类芬顿反应之外，金属之间可发生协同作用，增强了氧化还原循环性能，提高了降解能力见式（1-5）～式（1-7）[99]。如铁铜、铁镍、铁钯、铁钴、铁钼等。Lim、Arabczyk、蒋进元、张治宏等人通过还原、焙烧、压斧等手段合成混合金属氧化物 $Fe_2O_3 \cdot MO_x$（$M = Al$，Mn，Co，Mo 等），对溴酚蓝、芝加哥蓝、萘酚蓝黑、酸性绿 B 等多种染料都有较好的降解效果。

$$\equiv M^{n+} + H_2O_2 \Longrightarrow M^{(n+1)+} + OH^- + \cdot OH \tag{1-5}$$

$$\equiv M^{(n+1)+} + \cdot OOH \longrightarrow \equiv M^{n+} + O_2 + H^+ \tag{1-6}$$

$$\equiv M^{n+} + \equiv N^{(m+1)+} \longrightarrow \equiv M^{(n+1)+} + \equiv N^{m+} \tag{1-7}$$

然而，金属单质或其氧化物催化剂易团聚、难溶解、固有的机械强度低、金

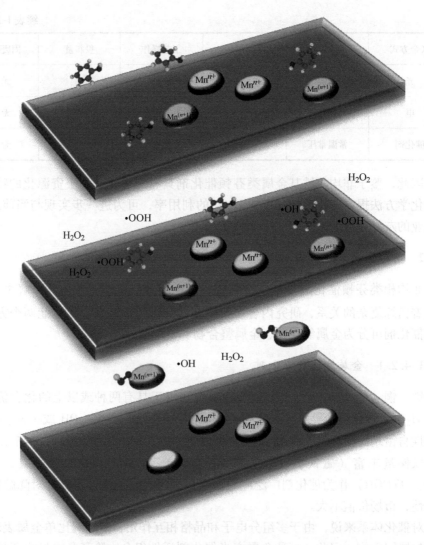

图 1-27　典型非均相类芬顿反应机理图（以 H_2O_2 为例）

属泥固废物处理困难等缺点限制了其应用。因此，可改变制备方法克服上述弊端。

1.4.2.2　金属螯合物催化剂

通过改变制备方法，将螯合剂与金属配位形成螯合物制得金属螯合物催化剂。研究表明，螯合剂可以抑制过渡金属团聚，加速过渡金属、难溶性有机污染物的溶解和活性氧化物的产生；促进自由基在催化剂固体表面形成；提高催化剂 pH 值使用范围。与金属氧化物催化剂相比，对降解物的处理效果是很显著的（见表 1-2）[100~103]。除表 2 中所列螯合剂外，常见的包括磷酸盐、树脂类、吡啶类、胺类、氨基羧酸类等。

表 1-2　螯合剂对污染物的降解效率/速率的影响　　　　　　　（%）

污染物/螯合剂	无螯合剂	有螯合剂
酸性黄 220/壳聚糖	5.1	25.1
微囊藻毒素 LR/腐植酸	59.1	78
微囊藻毒素 LR/草酸	59.1	72.1
氯霉素/谷氨酸	0	83.3
对氯苯酚，氯苯/β-环糊精	61.1	95.2
酸性红/γ-氨基吡啶	0	99

然而，螯合剂（配体）与金属（中心原子）形成螯合物是有条件的。部分螯合剂（树脂、大分子有机物）难降解、有毒理性、自身绿色化困难等缺陷限制了其应用。因此，可通过载体负载或改变处理方法来克服上述缺点。

1.4.2.3　负载型金属催化剂

H_2O_2 分解成自由基的反应能否提速取决于催化剂的使用和反应条件，包括反应温度、H_2O_2 的浓度、反应溶液的 pH 值等。因此，在整个过程中，催化剂的开发和高效使用是关键。在众多类型催化材料中，对比金属氧化物和金属螯合物两类金属催化剂，负载型金属催化材料具有很多优点，更具实用性，引起了人们的巨大关注。第一，该类催化剂为非均相固体催化剂，可以回收并重复利用；第二，载体来源广泛，碳材料、沸石、黏土、硅材料、氧化物等均可作为载体；第三，热稳定性好，高温环境也能起催化作用；第四，提高活性的手段丰富。研究发现，催化活性受催化剂形貌、比表面积、结晶度等因素的影响[104]。虽然氧化物载体能提高催化剂的分散性，进而提高催化剂活性，但开放的表面易团聚纳米活性金属粒子；黏土载体对有机物物理吸附能力较大，非化学降解有机物；碳材料载体不适用于高温环境。而多孔硅材料载体利于发挥纳米粒子高活性特征（尺寸效应），利于催化剂分散，且热稳定性较好，近年来多孔硅材料作为载体的研究越来越多。

研究发现，Cu^{2+}、Co^{2+}、Mn^{2+}、Ni^{2+}、Ti^{3+}、Cr^{2+}、Ce^{3+} 等金属离子能与 H_2O_2 发生类芬顿反应产生 ·OH（氧化电位 2.80V）降解有机物[2]。因此，在芬顿/类

芬顿催化反应中，提高催化活性即可提高 H_2O_2 的利用率。铁元素来源广泛、成本低、环境友好，然而单纯依靠铁元素很难获得高活性催化剂。对催化体系来说，多组分电子和晶格相互作用，使得多金属比单金属表现出增强的协同效应。此外，由于水体中降解物浓度较低，与活性组分接触时间短、接触面积小、接触频率低，会影响污染物的催化降解效果，而多金属的负载是解决该问题的一个重要手段。因此，作为载体的有机框架材料（MOF/COF/POF）逐渐进入研究者的视野，其中，具有结构规整且稳定、比表面积大、孔道均一等特点的有机介孔框架材料成为载体的首选，而如何将活性金属纳米颗粒可控嵌入该材料中成为研究的重点和趋势。基于成本和技术方案成熟度的原因，M41S 系列介孔材料备受青睐。

由于 ·OH 在酸性条件下表现出极强的氧化性，要使催化剂在较宽的 pH 值范围内使用，需营造一个局域酸性微环境。该环境可通过引入具有路易斯酸性的金属来实现。研究表明，铝、铜、钴、锰、镍、铬等金属能够提供或增强催化剂路易斯酸性，有利于 Fe^{3+} 在催化反应中向 Fe^{2+} 转化[105~110]。此外，贵金属铂、钯、铑等和廉价金属铁、钴、铜等具有 $3d$ 轨道的过渡金属是催化 H_2O_2 断键的活性组分。尽管贵金属催化剂有很好的催化性能，但极低的储量和高昂的成本限制了此类催化剂的发展。考虑到非贵金属如铁、钴、铝、镍、铜的含量丰富，并且有些金属有磁性，具有反应之后可用磁铁直接回收的优点，显示出更广阔的实际应用潜能，因此，以铁为第一金属形成多金属共载催化剂，金属之间的相互作用（类芬顿反应、诱导铁元素价态转化、路易斯酸性）有利于拓宽催化剂的使用范围和活性。

MCM-41 介孔分子筛本身无毒、无害。反应产物容易分离，选择性较好，而且能够大幅度提高生产效率，降低设备投资成本、原材料的消耗，从而提高质量和产量。但纯硅 MCM-41 由于热稳定性不足和酸性不足，限制了其在工业领域中的应用，需要通过对分子筛进行改性。由于分子筛在某些方面的不足，通过加入一些方面有优良表现的物质来弥补已有的缺陷。介孔分子筛含有两种孔分布，晶体内的微孔孔径小且均匀固定，晶体间的大孔可随着制备方法的变化而变化，在石油化学催化领域中因其结焦少、抗中毒、吸附强的特点广受欢迎。一般将金属杂原子引入介孔分子筛 MCM-41 的骨架中以此来弥补 MCM-41 骨架中晶格表面缺陷带来的影响，从而取代骨架中部分没有功能化的硅原子。金属杂原子的引入，一方面改变分子筛的表面酸性及其酸性中心，使其具有催化活性，另一方面使催化剂的晶格产生缺陷，增加其表面活性，使分子筛具有了较好的离子交换性能和催化活性。

左树峰等人[111]以 MCM-41 作为载体，浸渍法负载 MnO_x、CoO_x、MnO_x-CoO_x 等活性组分制备一系列催化剂，以氯苯催化燃烧为探针反应，筛选出活性最佳时的 Mn/Co 比例（见图 1-28）。结果表明 MnCo（6∶1）/MCM-41 具有非常良好的稳定性，双金属催化剂脱附氯苯的能力高于单金属催化剂，催化性能更好。

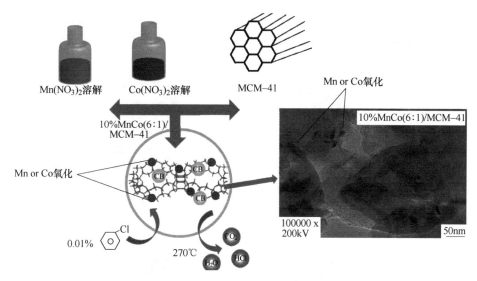

图 1-28　负载型催化剂制备过程及活性

张建民等人[112]以凹凸棒为硅源，十六烷基三甲基溴化铵为模板剂，TiO_2 溶胶为钛源，制备了 Ti-MCM-41，同时研究了对亚甲基蓝的吸附性能。结果表明，Ti-MCM-41 比 MCM-41 具有更佳的吸附性，符合拟二级动力学曲线，属于 Freundlich 型吸附等温线（见图 1-29）。

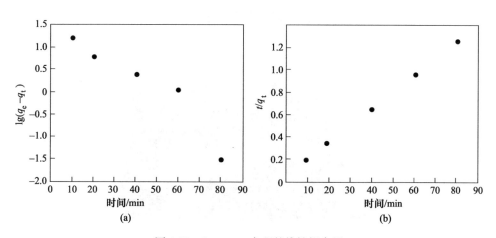

图 1-29　Lagergren 方程的线性拟合图
（a）一次动力学回归；（b）二次动力学回归

　　罗海彬等人[113]采用溶胶-凝胶法制备并筛选出对纤维素裂解催化效果最佳的
Zr-MCM-41 催化剂。当 Si∶Zr 摩尔比为 100∶1、75∶1、50∶1 时，比表面积为
886~1157m²/g，平均孔径为 3.21~4.04nm，孔容为 0.58~0.94mL/g（见图 1-30）。
在对纤维素的热裂解催化实验中，Zr-MCM-41 促进了反应中大分子化合物的降解，
当 Si 与 Zr 摩尔比为 50∶1 时催化效果最佳，是在相同条件下无催化剂的 12.7 倍。

图 1-30　MCM-41 和 Zr-MCM-41 的 SEM 图

（a）MCM-41；（b）（c）Zr-MCM-41

刘佩红等人[114]采用等体积浸渍法合成了镍负载 MCM-41 的催化剂 Ni-MCM-41，该催化剂保持了 MCM-41 的有序介孔结构，相较于未改性的 MCM-41 介孔分子筛，Ni-MCM-41 吸附甲基蓝的性能有了较大改观。当 25℃、20mg 投加量、pH 值为 6.32、50mg/L 甲基蓝时，120min 后 Ni-MCM-41 对其吸附量为 36.85mg/g，是 MCM-41 的 7.1 倍。机理研究表明（见图 1-31），碱性条件下，甲基蓝容易与水中的羟基结合而带负电，阻碍了甲基蓝的吸附，导致有大部分的镍溶出，吸附效果不理想。而在弱酸溶液中，Ni-MCM-41 对甲基蓝的吸附效果最好且没有镍溶出。这也进一步地说明了负载在介孔材料上的金属镍才是影响吸附甲基蓝能否成功的主要因素。

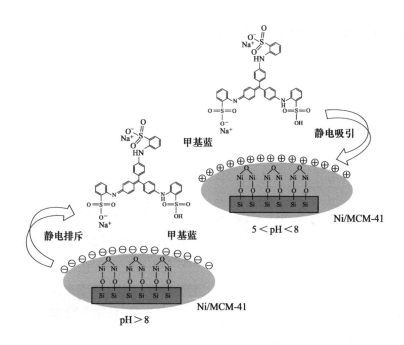

图 1-31　Ni-MCM-41 对甲基蓝的吸附机理

王宇红等人[115]采用水热合成法合成了具有二维六方结构的 La-V-MCM-41 催化剂，镧和钒以四配位状态存在于 MCM-41 分子骨架中。在苯酚过氧化氢羟基化反应中，具有更好的催化活性、选择性和再生性能。王树荣等人[116]通过原位引入一步合成了 Mg@MCM-41，并以其为载体制备了 Ni/Mg@MCM-41。当 Mg/Ni 摩尔比等于 0.05 时，在 CO_2 转化甲烷反应中表现出优异的催化性能。张劲松等人[117]合成了金属原子（锌、铁、铝、铜、铈）掺杂的 MCM-41 介孔分子筛（T-MCM-41）。杂原子的引入使 T-MCM-41 产生了酸中心，有利于催化对邻苯二甲酸二（2-乙基）己酯的合成反应，而 Al-MCM-41 在重复使用 5 次以上仍具有较好的催化性能。王元芳等人[118]以偏硅酸钠为硅源，铝酸钠为铝源，十六烷基三甲基溴化铵为模板剂，合成了 Al-MCM-41。当硅铝比为 60 时，Al-MCM-41 对喹啉的吸附能力最好。等温吸附平衡符合 Freundlich 等温吸附模型，吸附动力学符合 Pseudo 拟二级方程。张郢峰等人[119]也合成了不同硅铝比的 Al-MCM-41，并且认为 Al-MCM-41 催化葡萄糖醇解制备乙酰丙酸甲酯中，催化剂的活性与 B 酸、L 酸的相对质量、酸中心的强度均有关。刘红梅等人[120]以正硅酸四甲酯为硅源，钛酸四异戊酯为钛源合成了 Ti-MCM-41，合成时添加适量的异丁醇可有效促进钛进入 MCM-41 骨架，可改善其催化丙烯环氧化性能。徐彦芹、曹渊等人[121]通过有机合成接枝—CHO、—OH、—CH₃、—COOH 制备具有药物缓释功能的 Me-Ph-NH-MCM-41、OHC-Ph-NH-MCM-41、HO-Ph-NH-MCM-41 和 HOOC-Ph-NH-MCM-41（见图 1-32），通过结构和形貌表征表明 NH₂-MCM-41 改性成功。

图 1-32　四种催化剂的 SEM 图
（a）Me-Ph-NH-MCM-41；（b）OHC-Ph-NH-MCM-41；（c）HO-Ph-NH-MCM-41；
（d）HOOC-Ph-NH-MCM-41

　　刘建武等人[122]以 SO_4^{2-}/Sn-MCM-41 为催化剂非均相催化环己酮氧化，当 Si/Sn 摩尔比等于 50 时，环己酮的转化率为 74.4%。张一平等人[123]用 γ-胺丙基三甲基硅烷有机胺功能化改性 MCM-41，固载铷后制备了六方有序结构特征的 Ru-MCM-41。在催化二氧化碳加氢转化甲酸的反应中，Ru-MCM-41 优于相应的均相催化剂并且具有回收再利用性能。宋华等人[124]制备出硼改性的 Ni_2P/MCM-41 催化剂（见图 1-33），使加氢脱氧反应转化率达到 95%，加氢脱硫的转化率达到 97%。同时认为硼的引入能促进较小粒径、较高分散度的 Ni_2P 相生成，增加镍活性位数量，增加催化剂 L 酸量和总酸量。

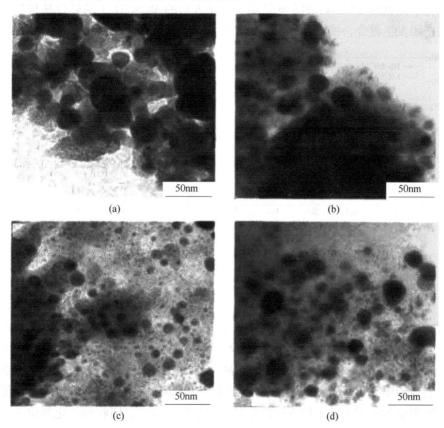

图 1-33　B 改性的 Ni_2P/MCM-41 催化剂的 SEM 图
（a）Ni_2P/MCM-41；（b）$B_{0.01}$-Ni_2P/MCM-41；（c）$B_{0.02}$-Ni_2P/MCM-41；（d）$B_{0.03}$-Ni_2P/MCM-41

　　高滋等人[125]采用浸渍焙烧法制备了 MCM-41 负载 SO_2^{2-}/ZrO_2 催化剂，发现过高的 SO_2^{2-}/ZrO_2 负载量破坏了 MCM-41 介孔结构，但增加了催化剂中强酸和弱酸酸性，酸性可通过负载量调节。朱文杰等人[126]以微硅粉为硅源、十六烷基三甲基溴化铵和聚乙二醇-6000 为模板剂，合成了巯基功能化 SH-MCM-41。发现对铬（Ⅵ）的吸附经 240min 可达到平衡，吸附量为 21.3mg/g；吸附过程符合动力学模型，由液膜扩散、颗粒扩散和孔道扩散共同控制。于岩等人[127]用氨三乙酸酐对介孔分子筛进行有机功能化制备 NATT-MCM-41 吸收材料，成功地引入了氨基和酯基，达到吸附平衡后，对 Pb²⁺ 和 Cu²⁺ 的吸附量分别为 123.5mg/g 和 103.4mg/g。但建明等人[128]将镍和 12-硅钨杂多酸固载于 MCM-41 上制备 Ni-HSiW-MCM-41 长链烷基异构化催化剂。当镍固载量（质量分数）为 4%、12-硅钨杂多酸固载量（质量分数）为 30%、焙烧温度 400℃ 为最佳制备条件。王锦堂等人[129]在 MCM-41 上接枝到苄基磺酸，苄基及磺酸基成功地接入了 MCM-41 上并保持了完整的 MCM-41 的介孔结构，且接入后的 MCM-41 上的硅羟基与苄基及磺酸基团发生键合，接枝后的 MCM-41 比表面积和孔容均减小（见图 1-34）。

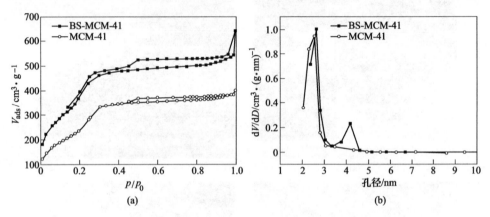

图 1-34 样品的低温 N₂ 吸附—脱附等温线和孔径分布

王娜等人[130]用 9，10-二氢-9-氧杂-10-磷杂菲-10-氧化物改性 MCM-41 制备助燃剂，发现 9，10-二氢-9-氧杂-10-磷杂菲-10-氧化物添加量为 1% 时，阻燃聚丙烯的氧指数比纯聚丙烯提高 91.76%，改性后的 MCM-41 分子筛可催化 APP/PER/MEL 间的酯化反应，在高温下产生了 MCM-41 自团聚现象，使形成的碳层更紧密，有效地阻隔了热量和可燃气体的传递。Khorshidi[131]制备了 MCM-41-Ru 催化剂，发现该催化剂加速了超声辅助芳烃选择氧化反应，且回收的催化剂用于下次反应时活性保持不变。董晋湘等人[132]采用十六烷基三甲基溴化铵和十六烷基三乙溴化铵为模板剂，硅溶胶为硅源，碱性介质中合成 MCM-41。虽然采用了不同的模板剂，但样品中的骨架具有特征的六方介孔结构和完整的晶格结构。用十六烷基三乙溴化铵模板剂制成的 MCM-41 具有较大孔径和孔容（见图 1-35）。刘春艳等人[133]采用阳离子和三嵌段共聚物混合表面活性剂为模板，在水热条件下合成出 MCM-41 和 MCM-48 介孔分子筛（见图 1-36）。通过掺杂聚氧乙烯-聚氧丙烯-聚氧乙烯（P123）发现，P123 的加入可以更大程度地降低阳离子表面活性剂用量，介孔材料具有高比表面积、有序孔道结构和集中的孔径分布。

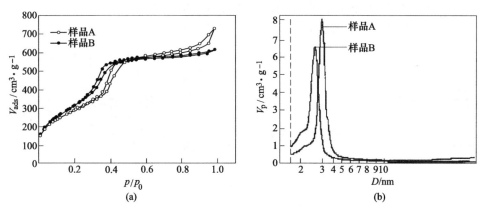

图 1-35 不同模板剂合成的样品低温 N_2 吸附—脱附等温线（a）和孔径分布（b）

（样品 A 以十六烷基三乙溴化铵为模板；样品 B 以十六烷基三甲基溴化铵为模板）

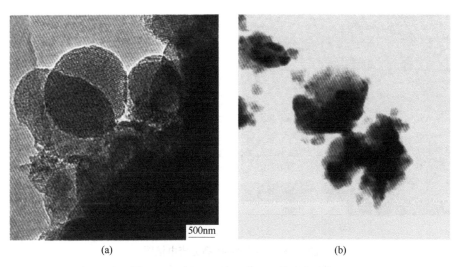

图 1-36 MCM-48 和 MCM-41 的 SEM 图

（a）MCM-48；（b）MCM-41

徐洪海等人[134]以离子液体 1-十六烷基-3-甲基咪唑四氟硼酸盐为模板剂并掺杂铬合成 Cr-MCM-41-n（n = 0、1、2、4、6、8）。表征表明 Cr-MCM-41 为二维六方排列且随着铬的掺入出现三氧化二铬晶相（见图 1-37）。在催化过氧化氢氧化乙苯制备乙酰苯的反应中，Cr-MCM-41-2 表现出良好的选择性和催化活性，提高了乙酰苯的产量，是一种性价比极高的选择性催化剂。张光旭等人[135]研究三甲苯、癸烷、三甲苯与癸烷 1∶1 的混合物三种扩孔剂对 MCM-41 孔道结构的影响，发现三甲苯与癸烷 1∶1 的混合物效果最好。合适剂量的扩孔剂与模板剂会提高分子筛的结晶度，但过量会导致孔径和结晶度均下降。杨朝合等人[136]以十六烷基三甲基溴化铵为模板剂，正硅酸乙酯为硅源，硫酸铝为铝源合成 Al-MCM-41，比表面积为 1295m²/g，孔体积 1.5cm³/g，平均孔径 4.3nm（见图 1-38）。

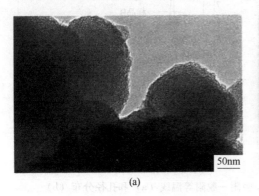
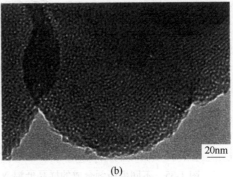

图 1-37　Cr-MCM-41-0 SEM 图

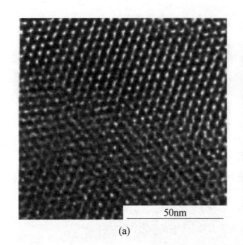
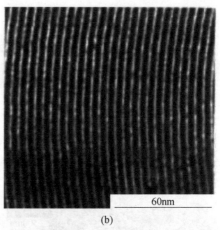

图 1-38　Al-MCM-41 高分辨电镜图

（a）入射电子束沿（001）晶面方向；（b）入射电子束垂直（001）晶面方向

　　陈艳红等人[137]采用十六烷基三甲基溴化铵为模板剂，以另一种不同型号的介孔分子筛 ZSM-5 为晶种，水热晶化条件下合成了同时具有微孔和介孔结构的 MCM-41/ZSM-5 复合分子筛，介孔孔径为 5nm，微孔孔径为 0.6nm。最佳配比条件为 SiO₂：CTAB=3.85，60℃陈化 24h，150℃晶化 2 天。卢晗峰等人[138]采用 3 种不同碳链长度的季铵盐表面活性十六烷基三甲基溴化铵、十二烷基三甲基溴化铵、八烷基三甲基氯化铵为模板剂分别合成 8-MCM-41、12-MCM-41 和 16-MCM-41 介孔分子筛。发现通过减少表面活性剂的碳链长度可以成功把分子筛的孔径调变为 4.1nm、3.2nm 和 2.4nm。当表面活性剂的碳原子数小于 8 时，对低浓度的有机化合物的穿透吸附量和吸附速率得到了有效提高。刘文静等人[139]使用氧化铝和硫酸对 MCM-41 进行改性并负责铁制备催化剂，发现酸改性的异相芬顿催化剂降解苯酚活性大于均相芬顿催化剂。储伟等人[140]以十六烷基三甲基溴化铵为模板剂、N，N-二甲基十二烷基胺为扩孔剂制备了钒掺杂硅基分子筛 V-MCM-41（见图 1-39）。发现直接水热合成法中 N，N-二甲基十二烷基胺调变 V-MCM-41 孔径范围为 3.94~5.49nm，而水热后处理法中 N，N-二甲基十二烷基胺调变 V-MCM-41 孔径范围为 3.94~6.62nm。

图 1-39　V-MCM-41 的 SEM 图

（a）未经 DMDA 处理；（b）经 DMDA 处理；（c）水热后处理

涂盛辉等人[141]合成了三金属 Cu/Mn/La/MCM-41 催化剂（见图 1-40）并降解活性黑 5 染料废水，发现铜、锰、镧的负载有利于提高催化剂活性，催化动力学符合一级动力学曲线。

陈立宇等人[142]以偏铝酸钠为铝源、正硅酸乙酯为硅源、十六烷基三甲基溴化铵为模板剂，直接掺入铝制备了 Al-MCM-41，并将其用于催化甲醇和多聚甲醛合成聚甲氧基单二甲醚（见图 1-41）。发现铝的掺入使 MCM-41 的比表面积、孔体积和孔径均减少，提高了 MCM-41 中强酸量，促进了高聚合度产物的生成。当硅铝比为 40 时 Al-MCM-41 催化性能最佳，且重复使用 5 轮仍具有较好催化活性。

图 1-40　MCM-41、Cu/MCM-41 和 Cu/Mn/La/MCM-41 的 SEM 图
(a) MCM-41；(b) Cu/MCM-41；(c) Cu/Mn/La/MCM-41

黄亮亮等人[143]用以水热法制备的 Al-MCM-41 分子筛，在催化苯和长碳链烷基苯的反应中，Al-MCM-41 固载了离子液体催化剂的转化率为 95.32%，选择性也为 81.15%。

曹菊林等人[144]采用 3-氨丙基三甲基硅烷对 MCM-41 进行氨基功能化改性合成 NH$_2$-MCM-41 并去除染料废水酸性品红。发现 Langmuir 模型对染料的等温吸附拟合效果最好，吸附动力学符合二级动力学模型。黎先财等人[145]合成了复合分子筛 MCM-41/Y，并将其作为吸附剂吸附镧离子。发现吸附反应自发进行，准二级动力学方程中 R^2 接近 1，MCM-41/Y 的重复再生利用性和稳定性良好。

M41S 系列介孔分子筛材料（见图 1-42）和其他类型的分子筛相比，具有开放且规整的孔道、稳定的骨架结构、较高的比表面积和孔容，是金属的良载体。由于该材料的孔道结构、孔径大小和孔容积影响着负载量，通过化学改性调孔、控制孔结构和孔分布成为提高催化效率、增加活性位点的有效手段之一（孔道限

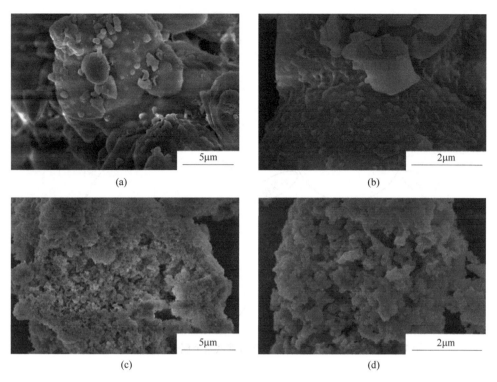

图 1-41 HMCM-41 和 Al-MCM-41 的 SEM 图

（a）（b）HMCM-41；（c）（d）Al-MCM-41

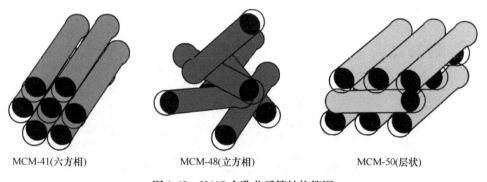

图 1-42 M41S 介孔分子筛结构简图

域）。此外，将能够提供或增强催化剂路易斯酸性的金属与铁共载可拓宽 pH 值的适用范围；多金属之间的协同作用可加速 Fe^{3+} 和 Fe^{2+} 之间的转化。金属本身的类芬顿反应也可提高双氧水的利用率。该类催化剂具有重要的科学价值和应用前景（见图 1-43 和图 1-44）。

综上所述，利用 M41S 系列介孔分子筛负载铁基多金属催化剂+芬顿试剂，

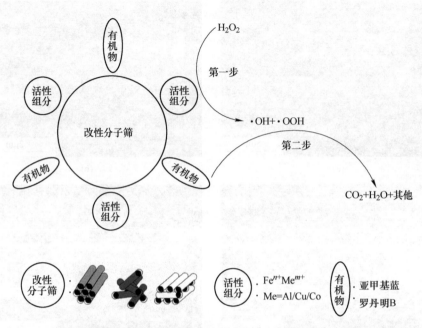

图 1-43　改性 M41S 型介孔分子筛负载铁基金属催化降解过程示意图

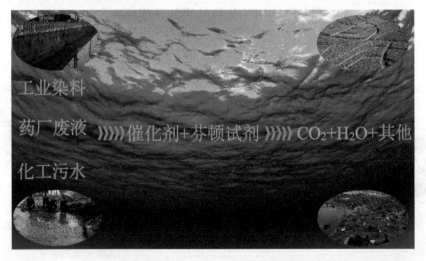

图 1-44　M41S 介孔分子筛负载铁基多金属催化剂在水处理方面的应用前景

不需外加 Fe^{2+}，有效降低了芬顿试剂的使用量，节约成本；催化剂使用条件温和，对设备要求低；利于活性组分分散，增加了 H_2O_2 的利用率，提升了降解效率；与均相催化剂相比，负载型多相催化剂易回收、可重复循环使用。

2 钒酸铈/二氧化铈异质结负载钴纳米粒子高效光催化硼烷氨制氢

2.1 引　言

众所周知，负载型催化剂中活性金属的电子结构对硼烷氨（NH₃BH₃）制氢过程中 NH₃BH₃ 的吸附和活化有显著影响[26,46,146]。因此，迫切需要开发新的策略来改变非贵金属催化剂表面电子密度，提高其活性。最近，通过引入光催化来提高非贵金属异相催化 NH₃BH₃ 制氢速率的方式已经受到广泛关注。利用具有与非贵金属功函数匹配的可见光响应半导体作为非贵金属催化剂的载体是可靠手段。原因是在可见光照射下，半导体产生电子-空穴对，导致半导体与金属之间的肖特基势垒减小，因此，更多的电子可以从半导体转移到非贵金属。然而，由于电子-空穴对复合快速，单一半导体中光生载流子的高效分离还没有实现[147]。

为了有效地分离光催化剂中半导体的光生载流子，人们提出了各种策略和方法。构造异质结被认为是最有前途的电子-空穴对空间分离方法之一。而在具有异质结结构的光催化剂中，Ⅱ型异质结具有最高的光生载流子分离效率。这种有效的异质结设计应满足以下几个方面[148]：首先，要求两个半导体之间的电子能带结构匹配；其次，界面相互作用对光生电子的高效转移也有重要影响；最后，半导体的晶格常数必须匹配，以避免过多的缺陷。目前，最常见的制备Ⅱ型异质结方法是以一种材料为基底原位生长另一种材料。在异质结形成过程中，衬底的形貌保持不变，以此增强两者间相互作用。然而，通过改变衬底的晶体结构来制备具有强电子相互作用的异质结却鲜有报道，这是一项重要而富有挑战性的工作。

在众多半导体材料中，选择钒酸铈 CeVO₄ 作为载体来负载金属钴作为调控催化剂电子密度的模型催化剂。主要原因如下：一方面，CeVO₄ 带隙较窄，可以具有较宽的光谱吸收；另一方面，CeVO₄ 有两种变价元素铈和钒，这对于调节它的表面电子结构是非常有力的。本章中，作者通过简单的两步法制备了具有强电子相互作用和富氧空位的 CeVO₄/CeO₂ Ⅱ型异质结。首先，采用水热法合成 CeVO₄ 纳米带，然后与 Ce(NO₃)₃ 混合煅烧。高分辨透射电子显微镜（HRTEM）证实了 CeVO₄ 与 CeO₂ 之间存在无序结构的界面，X 射线光电子能谱（XPS）进一步证实了 CeVO₄ 与 CeO₂ 之间的强电子相互作用。由于 CeVO₄/CeO₂ 纳米复合材料界面上强烈的电子相互作用和氧空位的协同作用，$CeVO_4/CeO_2$ 表现出较高电子空穴分离效率与较好可见光的催化活性（见图 2-1）。

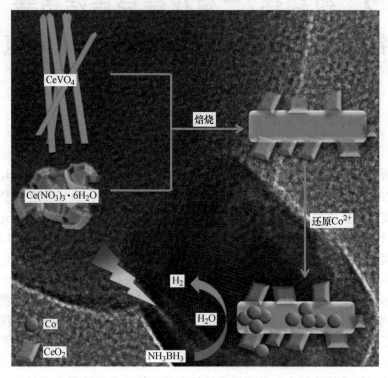

图 2-1　界面具有强电子相互作用与氧缺陷的 $CeVO_4/CeO_2$ 异质结
制备及其负载 Co 纳米粒子催化 NH_3BH_3 制氢示意图

2.2　催化剂合成与催化放氢性能测试

2.2.1　试剂与仪器

本章研究内容使用的主要试剂和仪器见表 2-1。

表 2-1　实验试剂与仪器

化学试剂或仪器名称	规格/型号	产地
六水氯化钴（$CoCl_2 \cdot 6H_2O$）	分析纯	阿拉丁试剂（上海）有限公司
正钒酸钠（Na_3VO_4）	分析纯	阿拉丁试剂（上海）有限公司
硝酸铈（Ⅲ）六水（$Ce(NO_3)_3 \cdot 6H_2O$）	分析纯	阿拉丁试剂（上海）有限公司

化学试剂或仪器名称	规格/型号	产地
乙二胺四乙酸二钠盐（$C_{10}H_{14}N_2Na_2O_8$）	分析纯	国药集团化学试剂有限公司
罗丹明6G（$C_{28}H_{31}N_2O_3Cl$）	分析纯	阿拉丁试剂（上海）有限公司
亚甲基蓝（$C_{16}H_{18}C_1N_3S$）	分析纯	国药集团化学试剂有限公司
重铬酸钾（$K_2Cr_2O_7$）	分析纯	国药集团化学试剂有限公司
硼氢化钠（$NaBH_4$）	分析纯	阿拉丁试剂（上海）有限公司
硼烷氨（NH_3BH_3）	分析纯	阿拉丁试剂（上海）有限公司
2-丙醇（$(CH_3)_2CHOH$）	分析纯	国药集团化学试剂有限公司
碘化钾（KI）	分析纯	阿拉丁试剂（上海）有限公司
氧化氘（D_2O）	分析纯	阿拉丁试剂（上海）有限公司
偏钒酸铵（NH_4VO_3）	分析纯	阿拉丁试剂（上海）有限公司
盐酸多巴胺（$C_8H_{11}NO_2 \cdot HCl$）	分析纯	国药集团化学试剂有限公司
六次甲基四胺（$C_6H_{12}N_4$）	分析纯	国药集团化学试剂有限公司
X射线衍射仪	D8 ADVANCE	德国布鲁克AXS公司
高分辨率透射电子显微镜	JEM-2100F	日本电子株式会社
X射线光电子能谱仪	Thermo Scientific Escalab 250Xi	美国赛默飞世尔科技公司
紫外-可见光谱仪	UH4150	日本日立公司
比表面与孔隙度分析仪	TriStar II 3020	麦克默瑞提克（上海）仪器有限公司
Zeta电位分析仪	Malvern Zetasizer EKYS-130	英国马尔文公司
气相色谱仪	GC-2014 C	日本岛津公司
电化学工作站	CHI600E	上海辰华仪器有限公司

2.2.2 催化剂合成

催化剂合成主要分为以下几步：

（1）$CeVO_4$ 的合成。将 0.001mol Ce（NO_3）$_3$ · $6H_2O$ 和 0.001mol $C_{10}H_{14}N_2Na_2O_8$ 溶解于 10mL 蒸馏水中，再用 1.5mL/min 的蠕动泵滴加溶解 0.001mol Na_3VO_4 的 15mL H_2O，然后加入适量的氨水调节 pH 值等于 10。最后，将混合物转移到聚四氟乙烯内衬不锈钢中，并保持在 180℃ 下 24h。高压釜自然冷却至室温后，离心分离沉淀粉末，用无水乙醇和去离子水多次洗涤，80℃ 干燥 12h。

（2）CeO_2 的合成。$Ce(NO_3)_3 \cdot 6H_2O$ 在 500℃马弗炉中煅烧 2h。

（3）$CeVO_4/CeO_2$ 纳米复合物的合成。$CeVO_4$ 和 $Ce(NO_3)_3 \cdot 6H_2O$ 以不同的质量比混合，并在 550℃马弗炉中煅烧 4h。

（4）$Co/CeVO_4/CeO_2$ 的合成。首先，称取 $CeVO_4/CeO_2$（16mg）分散于含 2mL 高纯水的两口反应器中，加入 $CoCl_2 \cdot 6H_2O$（0.034mmol），搅拌 2h；然后，打开光源，将含有 $NaBH_4$（0.068mmol）和 NH_3BH_3（1.71mmol）的水溶液（1.5mL）注入反应器中，得到催化剂 $Co/CeVO_4/CeO_2$。

2.2.3　催化放氢性能测试

在原位合成催化剂的过程中实现原位 NH_3BH_3 水溶液产氢。可见光照射下或黑暗条件下进行催化反应，使用体积法检测气体量，反应温度为 298K。

2.3　催化剂表征

2.3.1　PXRD 分析

从 XRD 结果（见图 2-2～图 2-4）可以看出，位于 28.6°、33.1°、47.5°和 56.4°处的衍射峰为立方 CeO_2 晶体的（111）（200）（220）和（311）晶面（JCPDS：03-065-5923）。位于 18.1°、24.0°、32.4°和 47.9°的衍射峰对应于四方

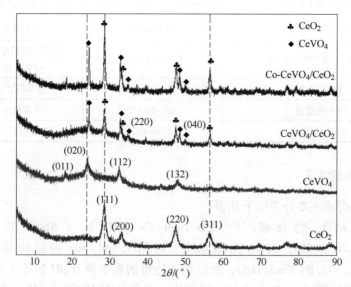

图 2-2　CeO_2、$CeVO_4$、$CeVO_4/CeO_2$-2：1 和 Co-$CeVO_4/CeO_2$-2：1 的 PXRD 图一

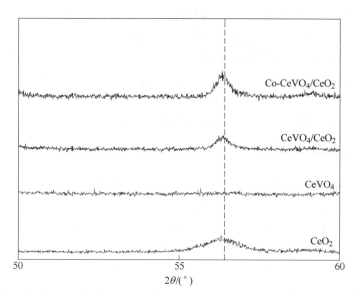

图 2-3 CeO₂、CeVO₄、CeVO₄/CeO₂-2∶1 和 Co-CeVO₄/CeO₂-2∶1 的 PXRD 图二

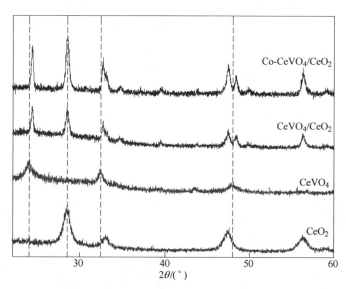

图 2-4 CeO₂、CeVO₄、CeVO₄/CeO₂-2∶1 和 Co-CeVO₄/CeO₂-2∶1 的 PXRD 图三

CeVO₄ 晶体的（011）（020）（112）和（132）晶面（JCPDS：98-003-5278）。CeVO₄/CeO₂ 复合材料由 CeVO₄ 和 CeO₂ 的特征衍射峰组成。此外，在纳米复合物出现（220）和（040）两个新的晶面，表明在没有结构导向剂的情况下煅烧，CeVO₄ 的晶体结构发生了显著的变化。值得注意的是，仔细观察纳米复合材料中

CeVO$_4$ 的主峰，发现 CeVO$_4$ 向大衍射角移动，而 CeO$_2$ 在 56.4° 处的峰向相反方向移动，表明 CeVO$_4$ 和 CeO$_2$ 之间形成了强烈的相互作用，而不是分离的两相。在金属合金中也观察到了类似的现象，但在异质结配合物中却鲜有报道，这表明两种半导体晶体结构的变化对具有强电子相互作用的异质结的形成具有积极的影响。此外，可以看出，催化剂中没有钴元素的衍射峰，间接表明钴是无定型的，这是由于 NaBH$_4$ 和 NH$_3$BH$_3$ 快速原位还原溶液中的 Co^{2+} 所致。

2.3.2　TEM 分析

TEM 图像显示，CeO$_2$ 纯样形貌为直径约为 100nm 的不规则纳米片（见图 2-5（a））。同时，可以清楚地观察到晶格间距分别为 0.27nm 和 0.19nm 的晶格条纹（见图 2-5（b）），这与 CeO$_2$ 的（200）和（220）面对应。CeVO$_4$ 纯样的形貌为尺寸在 30~200nm 之间的纳米带（见图 2-5（c））。同时，可以清楚地观察到 CeVO$_4$（020）晶面上的晶格条纹，晶面间距为 0.37nm（见图 2-5（d））。值得注意的是，纯样 CeO$_2$ 和 CeVO$_4$ 均可以清楚地观察到晶格中存在着无序结构（虚线标记），表明在材料制备过程中产生了缺陷。对于 CeVO$_4$/CeO$_2$ 纳米复合材料而言，可以清楚地观察到复合物的形貌和与 CeO$_2$ 和 CeVO$_4$ 纯样不同，（见图 2-5（e））。复合物中 CeO$_2$ 的形貌变为边长为 10~60nm 的立方体。同时，CeVO$_4$ 的形貌也发生了变化，它的宽 10~300nm 明显要宽于纯样，且表面光滑。值得注意的是，CeO$_2$ 立方体沉积在 CeVO$_4$ 纳米片的表面，这种 CeVO$_4$/CeO$_2$ 纳米复合材料结构是在不添加结构导向剂的情况下，通过煅烧过程使两种半导体晶体结构发生转化而形成的。

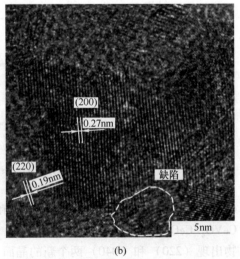

(a)　　　　　　　　　　　　　　　　(b)

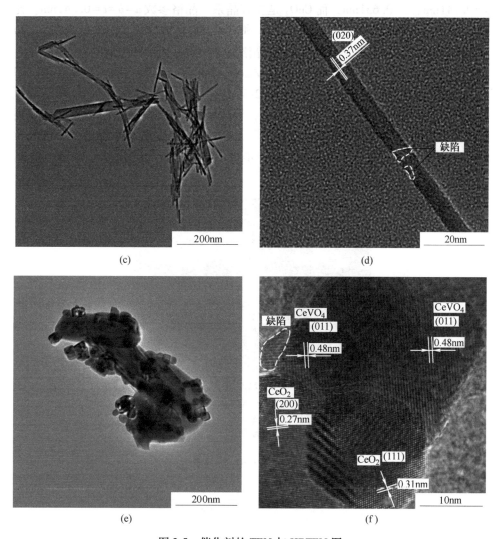

图 2-5　催化剂的 TEM 与 HRTEM 图
（a）（b）CeO_2TEM 图；（c）（d）$CeVO_4$TEM 图；（e）$CeVO_4/CeO_2$-2：1TEM 图；
（f）$CeVO_4/CeO_2$-2：1HRTEM 图

　　为了进一步确认异质结由 $CeVO_4$ 和 CeO_2 组成，对 $CeVO_4/CeO_2$ 异质结构进行了 HRTEM 分析（见图 2-5（f））。$CeVO_4$ 和 CeO_2 可以通过彼此的晶格条纹来区分，间距为 0.27nm 和 0.31nm 的晶格条纹对应于立方 CeO_2 的（200）和（111）晶面，而间距为 0.48nm 的晶格条纹对应于四方 $CeVO_4$ 的（011）晶面，这与相应的 XRD 图谱一致。CeO_2 与 $CeVO_4$ 的结合处显示出明显的接触界面，虚线表面轻微的晶格紊乱。这是因为 $CeVO_4$ 是四方晶系，晶格参数 $a = 0.741$nm、

$b=0.741nm$、$c=0.651nm$，而 CeO_2 是立方晶系，晶格参数 $a=b=c=0.541nm$。比较了它们的相对晶格参数，发现 $CeVO_4$ 和 CeO_2 的晶格参数之间的低失配因子 f 为 20%($f=(1-a(CeVO_4)/a(CeO_2))$)。晶格间隙导致界面中产生氧空位[149,150]。

此外，钴基催化剂的形貌与 $CeVO_4/CeO_2$ 纳米复合材料相同，并且由于沉积了 Co 纳米粒子，表面变得粗糙（见图 2-6）。这是因为含 $NaBH_4$ 和 NH_3BH_3 的原位还原反应中钴晶种的快速成核和晶化，导致金属钴形成了高度非晶态和不规则态。因此，很难确定钴粒子的大小[95,96]。EDX 表明催化剂中存在 Co 纳米粒子（见图 2-7）。另外，元素面扫图进一步揭示了钴元素均匀分布在 $CeVO_4/CeO_2$ 纳米复合材料的表面（见图 2-8）。

图 2-6   Co-CeVO$_4$/CeO$_2$-2：1 的 TEM 图

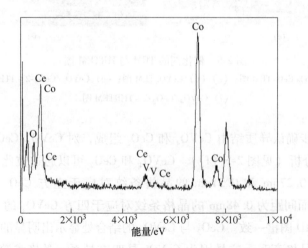

图 2-7   Co-CeVO$_4$/CeO$_2$-2：1 的 EDX 图

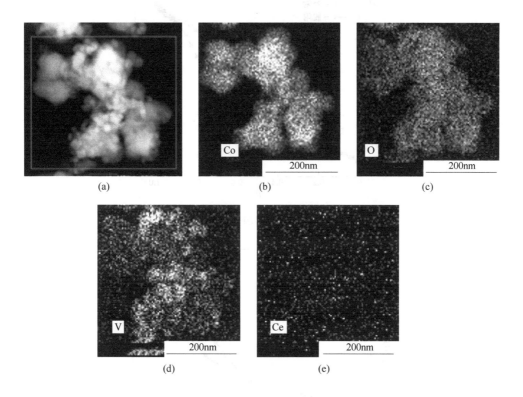

图 2-8　Co-CeVO₄/CeO₂-2：1HAADF-STEM 图与 Co、O、V 和 Ce 元素分布图

2.3.3　N₂ 吸附—脱附分析

载体的比表面积对负载型催化剂的活性具有显著的影响，因此，作者表征了 CeO_2、$CeVO_4$ 和 $CeVO_4/CeO_2$ 的比表面积。经计算得出 CeO_2、$CeVO_4$ 和 $CeVO_4/CeO_2$ 的比表面积分别为 $155.4m^2/g$、$40.8m^2/g$ 和 $21.8m^2/g$（见图 2-9~图 2-11）。与 CeO_2 和 $CeVO_4$ 相比，$CeVO_4/CeO_2$ 的比表面积明显变小，这是由于异质结形成过程中形貌的变化所致。值得注意的是，$CeVO_4/CeO_2$ 的 N_2 吸附—脱附等温线中出现Ⅲ型回滞环，与 CeO_2 和 $CeVO_4$ 纯样不同，进一步证实了 CeO_2 和 $CeVO_4$ 在异质结形成过程中的形态发生了变化。

2.3.4　XPS 分析

用 XPS 研究了 CeO_2、$CeVO_4$ 和 $CeVO_4/CeO_2$ 的表面电子价态性质。$CeVO_4/CeO_2$ 的全光谱表明 Ce、V 和 O 共存（见图 2-12）。CeO_2、$CeVO_4$ 和 $CeVO_4/CeO_2$ 的 Ce 3d 高分辨率 XPS 光谱图中（见图 2-13），特征峰峰位在 880~896eV 的特征

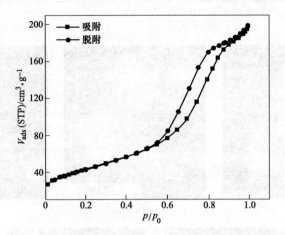

图 2-9 CeO_2 的 N_2 吸附—脱附等温曲线

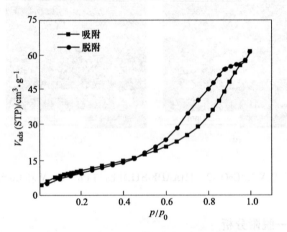

图 2-10 $CeVO_4$ 的 N_2 吸附—脱附等温曲线

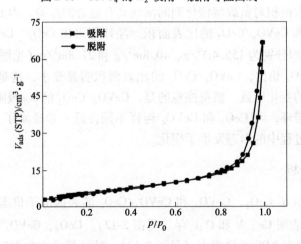

图 2-11 $CeVO_4/CeO_2$-2∶1 的 N_2 吸附—脱附等温曲线

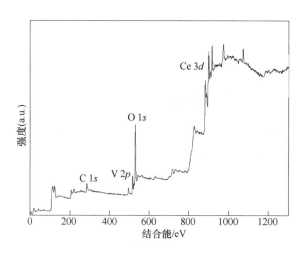

图 2-12　$CeVO_4/CeO_2$-2∶1 的 XPS 谱图

峰与 Ce $3d_{5/2}$ 有关，特征峰峰位在 897~914eV 与 Ce $3d_{3/2}$ 有关，这表明样品中的 Ce 元素是两种价态 Ce^{4+} 和 Ce^{3+} 共存[151]。值得注意的是，与 CeO_2 中 Ce $3d_{3/2}$ 和 Ce $3d_{5/2}$ 相比，$CeVO_4/CeO_2$ 的复合物中 Ce $3d$ 峰向高结合能方向移动。而与 $CeVO_4$ 相比，Ce $3d$ 向更低的结合能移动。这种表征结果表明构成纳米复合物的两种材料具有强电子相互作用。CeO_2、$CeVO_4$ 和 $CeVO_4/CeO_2$ 的 O $1s$ 光谱图中（见图 2-14），O $1s$ 峰可以被拟合成三个峰，峰位分别位于 529.5eV、531.3eV 和 533.4eV 处，对应于晶格氧、氧空位和吸收氧。与 CeO_2 和 $CeVO_4$ 相比，$CeVO_4/CeO_2$ 的氧空位含量较少。这是因为两种材料在各自制备过程中产生的氧空位和界面晶格尢序，由于制备 $CeVO_4/CeO_2$ 过程中引入了大量的氧，使氧空位浓度显著降低，这与 HRTEM 表征结果一致。与 $CeVO_4$ 和 CeO_2 的化学吸附氧峰相比，$CeVO_4/CeO_2$ 复合物发生了明显的位移，这进一步表明复合材料的表面结构与 $CeVO_4$ 和 CeO_2 表面结构不同。值得注意的是，与原始 CeO_2 相比，复合材料中晶格氧和 Ce $3d$ 的特征峰均发生移动，这与 XRD 和 TEM 结果一致[152]。以 $CeVO_4/CeO_2$ 为载体负载金属钴制备的催化剂 Co-$CeVO_4/CeO_2$ 全光谱表明 Co、Ce、V 和 O 元素共存（见图 2-15）。通过比较 $CeVO_4/CeO_2$ 和 Co-$CeVO_4/CeO_2$ 中 Ce $3d$ 的 XPS 谱图，可以发现相较原始 $CeVO_4/CeO_2$，Co-$CeVO_4/CeO_2$ 中 Ce 向高结合能方向移动（见图 2-16）。类似的现象在 $CeVO_4/CeO_2$ 和 Co-$CeVO_4/CeO_2$ 中 O$1s$ 的 XPS 图谱中也观察到（见图 2-17）。这一结果表明 Co-$CeVO_4/CeO_2$ 中 Co-纳米粒子的电子密度增加，这是由于 Co-纳米粒子与复合材料之间强烈的电子相互作用所致。

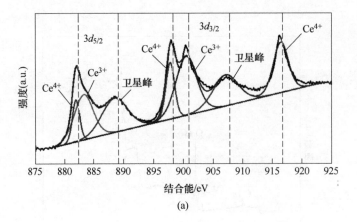

(a)

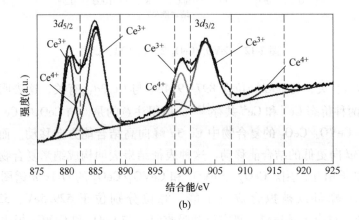

(b)

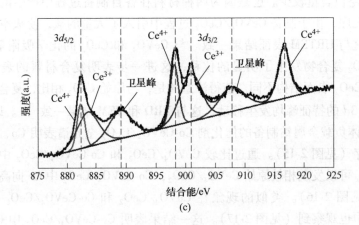

(c)

图 2-13　Ce 3d 的 XPS 谱图

(a) CeO$_2$；(b) CeVO$_4$；(c) CeVO$_4$/CeO$_2$-2：1

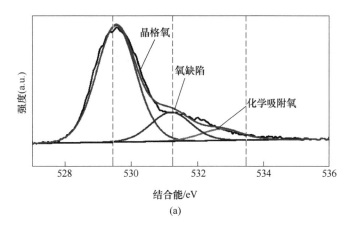

(a)

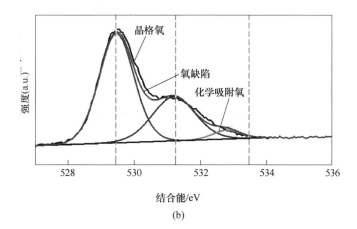

(b)

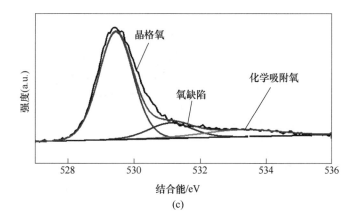

(c)

图 2-14　O 1s 的 XPS 谱图

（a）CeO$_2$；（b）CeVO$_4$；（c）CeVO$_4$/CeO$_2$-2∶1

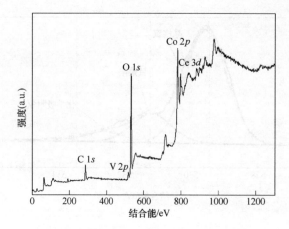

图 2-15 Co-CeVO$_4$/CeO$_2$-2∶1XPS 谱图

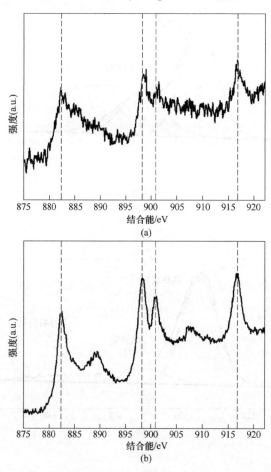

图 2-16 Ce 3d 的 XPS 谱图

(a) Co-CeVO$_4$/CeO$_2$-2∶1; (b) CeVO$_4$/CeO$_2$-2∶1

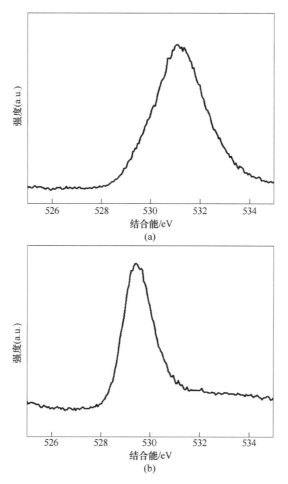

图 2-17 O 1s 的 XPS 谱图

(a) Co-CeVO$_4$/CeO$_2$-2∶1; (b) CeVO$_4$/CeO$_2$-2∶1

2.3.5 UV-vis 与 UPS 表征

载体材料的光吸收特性与能带位置对催化剂的活性具有显著影响。因此，利用 UV 光谱和 UPS 研究了复合材料对可见光的吸收能力和能带位置，同时测量 CeO$_2$ 与 CeVO$_4$ 作为与 CeVO$_4$/CeO$_2$ 的对比（见图 2-18 (a)）。与 CeO$_2$ 和 CeVO$_4$ 的吸收边相比，CeVO$_4$/CeO$_2$ 的吸收边明显红移，这是因为复合材料中材料间强相互作用和氧空位。复合材料颜色的变化进一步证实了两种组分不是简单的物理混合，而是界面间具有较强的化学作用（见图 2-19）。利用 UV-vis 光谱计算得到 CeO$_2$、CeVO$_4$ 和 CeVO$_4$/CeO$_2$ 的带隙分别为 2.63eV、1.60eV 和 1.59eV（见图 2-18 (b)）。

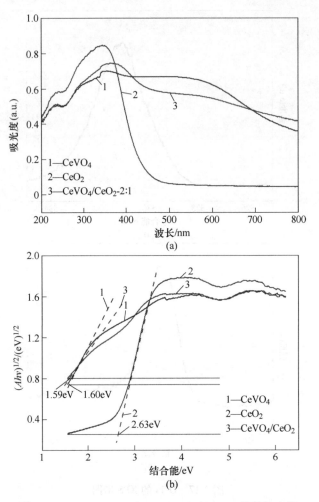

(a)

(b)

图 2-18 CeO$_2$、CeVO$_4$ 和 CeVO$_4$/CeO$_2$-2 : 1 的结构表征

（a）UV-vis 光谱；（b）带隙计算

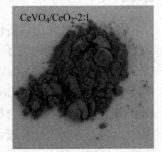

图 2-19 样品的外观图

紫外光电子能谱（UPS）用的是紫外光激发样品表面，从而使得样品表面发出射光电子。氦灯（He Ⅰ激光能量为21.21 eV）紫外光能量较低，因而发射出光电子大多来自价电子，因此是测量材料价带的有效工具。作者通过UPS可以确定CeO_2和$CeVO_4$中VB边的位置。CeO_2和$CeVO_4$的VBMs分别为3.72eV和4.15eV（见图2-20）。CeO_2和$CeVO_4$的功函数分别为3.43eV和3.23eV。计算得到CeO_2和$CeVO_4$的价带相对标准氢电极位置分别为2.65eV和2.88eV。结合上述通过UV-vis计算的带隙，CeO_2和$CeVO_4$的相对CB边分别为0.02eV和1.28eV。根据材料的能带数据，描绘了材料的能带结构，如图2-21所示。上述结果还表明，当CeO_2与$CeVO_4$接触时，由于两种材料能带位置不同，彼此间的界面上会形成一个内部静电场，导致电子从CeO_2向$CeVO_4$转移。因此，两种材料之间会形成Ⅱ型异质结。

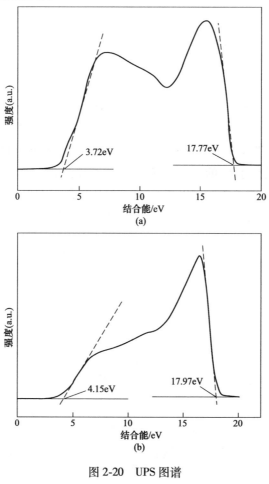

图2-20 UPS图谱

(a) CeO_2；(b) $CeVO_4$

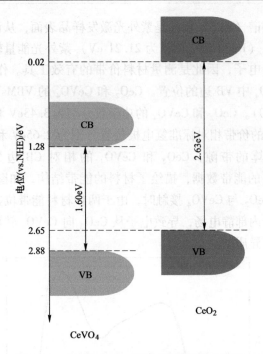

图 2-21　CeVO₄/CeO₂ 的电子能带结构示意图

　　为了进一步阐明 CeO₂ 和 CeVO₄ 之间的电子转移方向并确认 Ⅱ 型异质结路径，对经过可见光照射后的 CeVO₄/CeO₂-2∶1 样品进行了 XPS 表征。通过对 V 2p 高分辨 XPS 谱图分析可以发现，V 2p 向低结合能方向移动。这是因为光照时电子的迁移方向从 CeO₂ 到 CeVO₄，从而使钒原子周围电子密度增加所导致的（见图 2-22）[153]。

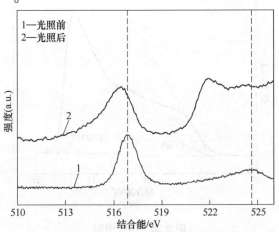

图 2-22　光照前后 CeVO₄/CeO₂-2∶1 的 V 2p 谱图

2.3.6 光电流密度表征

瞬态光电流密度是研究材料电子和空穴的分离效率的有效手段。通常，较高的光电流密度意味着更有效的电荷分离。因此，对复合材料 $CeVO_4/CeO_2$-2:1 进行了光电流表征，同时将 $CeVO_4$ 与 CeO_2 作为对比（见图 2-23）。在打开和关闭光源时，均观察到样品的瞬态光电流，且复合材料的光电流密度高于纯 CeO_2 和 $CeVO_4$ 样品，说明强异质结的形成显著提高了材料的电荷分离效率，这对提高相应催化剂的活性是极有帮助的。

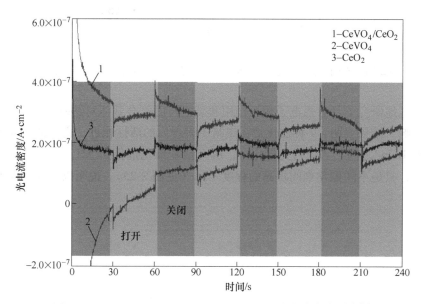

图 2-23 CeO_2、$CeVO_4$ 和 $CeVO_4/CeO_2$-2:1 光电流密度示意图

2.4 催化性能与反应机理探究

在系统研究催化反应动力学之前，考察了波长为 420~780nm 的光照射下，CeO_2 与 $CeVO_4$ 载体间形成的强电子相互作用界面和富氧空位对钴基催化剂性能的影响。结果表明，与采用机械研磨法制备的 $CeVO_4/CeO_2$-2:1 复合材料为载体制备的钴基催化剂相比，通过煅烧制备的复合载体由于材料间界面作用显著提高了催化剂的活性（见图 2-24）。主要的原因是材料间强电子相互作用和界面氧空位的协同效应，提高了复合材料光生载流子的分离效率，促进了更多的电子从复合材料向 Co 纳米粒子的转移。

接下来，分别在可见光照射和黑暗条件下进行了一系列催化 NH_3BH_3 制氢实

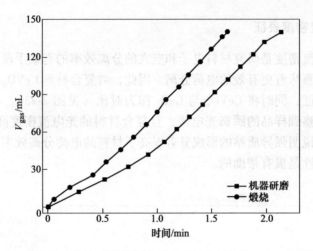

图 2-24　不同手段制备复合载体制备的钴基催化剂催化 NH_3BH_3 制氢性能

验，系统地研究了具有强电子相互作用和氧空位的复合载体对钴基催化剂催化活性的影响。结果表明，7 种催化剂在黑暗中表现出的活性相近，它们的 *TOF* 值在 $31 \sim 36.1 min^{-1}$ 之间。当进行光催化时，所有钴基催化剂催化 NH_3BH_3 制氢效率均有提高，只是不同催化剂间提高的程度不同（见图 2-25）。说明以不同 $CeVO_4$ 和

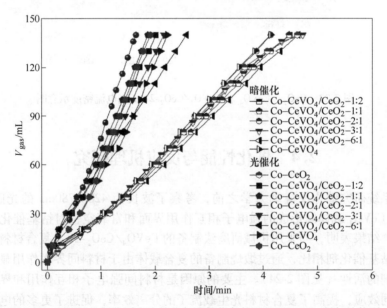

图 2-25　7 种催化剂分别在光催化与暗催化条件下的 NH_3BH_3 制氢性能图

CeO$_2$ 质量比制备的复合载体制备的钴基催化剂具有光催化活性，同时作为对比样品 Co-CeVO$_4$ 和 Co-CeO$_2$ 也具有光催化活性。钴基催化剂中复合载体中 CeVO$_4$/CeO$_2$ 的质量比对催化剂活性具有显著影响。这是因为两种材料的不同配比影响了两种材料的界面上电子协同与氧空位浓度。当 CeVO$_4$/CeO$_2$ 质量比为 2∶1 时，制备的催化剂 Co-CeVO$_4$/CeO$_2$ 具有最好的光催化性能，总 *TOF* 值为 90.91min^{-1}（见图 2-26），这甚至与文献报道的一些贵金属催化剂的活性相当（见表 2-2）。

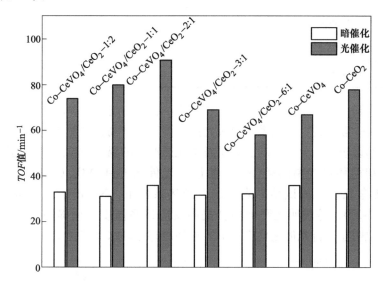

图 2-26　7 种催化剂分别在光催化与暗催化条件下的 NH$_3$BH$_3$ 制氢 *TOF* 值图

表 2-2　文献报道的和书中涉及的催化剂 *TOF* 值对比

催化剂	*TOF* 值/min^{-1}	参考文献
Co-CeVO$_4$/CeO$_2$-2∶1	90.91	本书
Co-CeVO$_4$/CeO$_2$-1∶1	80.36	本书
Au-Co@ CN	48.28	[73]
Ru@ HAP	137	[36]
Rh@ PAB	130	[59]
PtRu	59.6	[54]
AuNi@ MIL-101	66.2	[21]
Ru$_1$Co$_1$@ MIL-53（Al）	87.24	[154]

催化剂	TOF 值/min^{-1}	参考文献
Rh$_{15}$Ni$_{85}$@ ZIF-8	58.8	[155]
Ag$_1$Pd$_4$@ UiO-66-NH$_2$	90	[156]
RuNPs@ ZK-4	90.17	[157]
Pt$_{25}$@ TiO$_2$	311	[158]
Pt@ PC-POP	55.62	[159]
AuCo/NCX-1	42.1	[39]
PdCo/C	35.7	[47]

众所周知，NH$_3$BH$_3$ 水解制氢是一个热力学控制过程，温度越高越会加快反应的速度。一般来说，反应系统经过光照后温度会升高，这对区别光催化与热催化对反应的影响是十分不利的。为了考察光照产生的温度对反应速率的影响，作者在无冷却循环水控温的条件下，测试了光催化 Co-CeVO$_4$/CeO$_2$-2：1 催化的 NH$_3$BH$_3$ 制氢活性。测试结果表明，在光热条件下，NH$_3$BH$_3$ 制氢速率显著提高（见图 2-27）。这说明光照确实会提高反应体系温度从而提高了催化剂的活性。同时说明在进行光催化反应时引入外加冷却循环水系统是十分必要的。

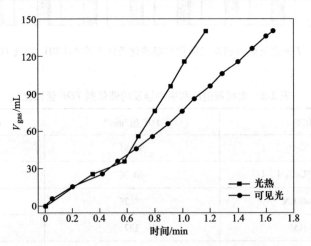

图 2-27　不同条件下 Co-CeVO$_4$/CeO$_2$-2：1 催化 NH$_3$BH$_3$ 制氢性能图

根据目前文献报道，催化 NH$_3$BH$_3$ 制氢反应中，反应速率的决定步骤是水分子中 O—H 键的断裂。为了证实这一判断，作者用氘化水（D$_2$O）代替 H$_2$O 对 Co-CeO$_2$、Co-CeVO$_4$ 和 Co-CeVO$_4$/CeO$_2$-2：1 进行了动力学同位素效应（KIE）测试。实验结果表明，在波长为 420~780nm 的光照射下，与 NH_3BH_3 在 H_2O 中的水解制氢相比，在 D_2O 中的水解速率显著降低（见图 2-28~图 2-30）。$Co\text{-}CeO_2$、$Co\text{-}CeVO_4$ 和 $Co\text{-}CeVO_4/CeO_2\text{-}2:1$ 三个催化剂的 *KIE* 值分别为 2.48、1.88 和 2.58。根据 *KIE* 值可以确定 H_2O 分子中 O—H 键的裂解是 NH_3BH_3 水解反应的速控步骤。此外，在制备的催化样品中，$Co\text{-}CeVO_4/CeO_2\text{-}2:1$ 的 *KIE* 值常数最大，说明利用 $CeVO_4$ 与 CeO_2 制备的复合物为载体制备的钴基催化剂在 NH_3BH_3 水解过程中对水分子中 O—H 键的断裂起到了重要的促进作用。

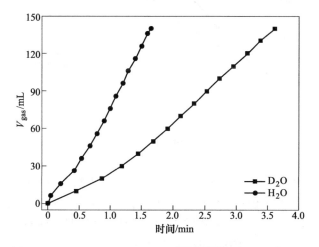

图 2-28 $Co\text{-}CeVO_4/CeO_2\text{-}2:1$ 可见光催化 NH_3BH_3 在 H_2O 溶液与 D_2O 溶液中的制氢性能图

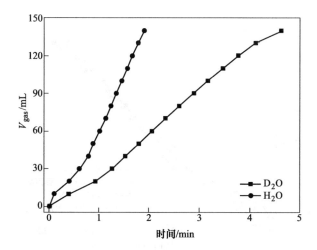

图 2-29 $Co\text{-}CeO_2$ 可见光催化 NH_3BH_3 在 H_2O 溶液与 D_2O 溶液中的制氢性能图

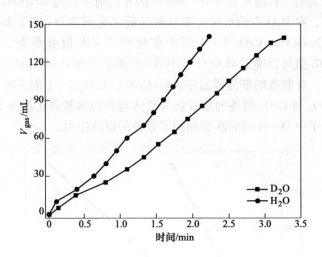

图 2-30 Co-CeVO$_4$ 可见光催化 NH$_3$BH$_3$ 在 H$_2$O 溶液与 D$_2$O 溶液中的制氢性能图

为了深入了解光催化 NH$_3$BH$_3$ 脱氢反应机理，研究了由于进行了光催化反应而产生的光活性中间体电子、空穴及·OH 对反应速率的影响。通过对载流子与自由基进行捕获，考察三种物质对 NH$_3$BH$_3$ 制氢性能的影响。分别选择 K$_2$Cr$_2$O$_7$（100μmol/L）、KI（100μmol/L）和 2-丙醇（100μL）作为电子、空穴和·OH 的捕获剂。在可见光照射下，捕获剂对三种催化剂活性的影响明显不同（见图 2-31~图 2-33）。对于 Co-CeVO$_4$ 而言，加入 K$_2$Cr$_2$O$_7$、KI 和 2-丙醇对反应速率影

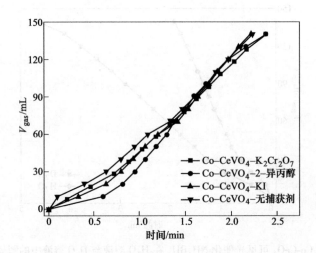

图 2-31 反应体系引入不同捕获剂时 Co-CeVO$_4$ 光催化 NH$_3$BH$_3$ 制氢性能图

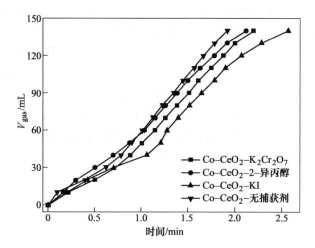

图 2-32　反应体系引入不同捕获剂时 Co-CeO$_2$ 光催化 NH$_3$BH$_3$ 制氢性能图

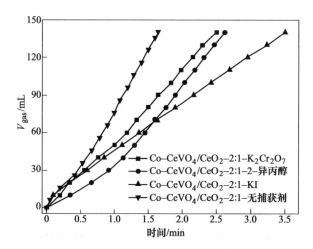

图 2-33　反应体系引入不同捕获剂时 Co-CeVO$_4$/CeO$_2$-2：1 光催化 NH$_3$BH$_3$ 制氢性能图

响不大，这意味着电子、空穴和·OH 对 Co-CeVO$_4$ 光催化 NH$_3$BH$_3$ 制氢速率影响较小。对于 Co-CeO$_2$ 而言，无论加入何种捕获剂，其催化活性都受到明显抑制。这意味着电子、空穴和·OH 对 Co-CeO$_2$ 光催化 NH$_3$BH$_3$ 制氢速率都有显著影响。当将捕获剂引入 Co-CeVO$_4$/CeO$_2$-2：1 催化 NH$_3$BH$_3$ 制氢体系中时，同样观察到捕获剂对催化剂性能具有显著的影响。值得注意的是，对于三种催化剂中，引入捕获剂对 Co-CeVO$_4$/CeO$_2$-2：1 催化剂的性能影响最大，说明 CeVO$_4$ 与 CeO$_2$ 之间形成异质结促进了钴基催化剂表面多电子、空穴和·OH 的高能量积累，从而大幅度提高了催化剂的活性。

为了进一步确认 $CeVO_4/CeO_2$-2∶1 复合材料界面存在的强电子相互作用和丰富的氧空位，利于催化剂表面电子的累积，作者采用两种染料分子作为探针，考察复合材料表面电子积累情况。一种染料分子探针是亚甲基蓝（MB），它的还原反应是两个电子；另一种染料分子探针是罗丹明 6G（R6G），其还原反应为单电子反应。实验结果（见图 2-34 和图 2-35）表明，在还原两电子 MB 反应中，CeO_2、$CeVO_4$ 和 $CeVO_4/CeO_2$-2∶1 表现出比还原 R6G 更优异的性能。尤其是 $CeVO_4/CeO_2$-2∶1 在还原两电子 MB 反应中活性最好，进一步证实了 $CeVO_4/CeO_2$-2∶1 复合物表面更易于多电子的积累。

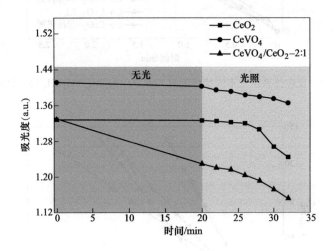

图 2-34　CeO_2、$CeVO_4$ 和 $CeVO_4/CeO_2$-2∶1 光催化降解 MB 性能图

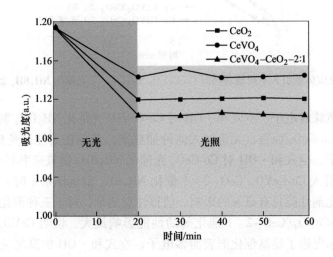

图 2-35　CeO_2、$CeVO_4$ 和 $CeVO_4/CeO_2$-2∶1 光催化降解 R6G 性能图

　　基于上述实验与表征结果，作者提出了在 420~780nm 可见光照射下 NH₃BH₃ 制 H₂ 的机制（见图 2-36）。当半导体吸收可见光时，在可见光的激发下产生光生载流子。值得注意的是，CeVO₄/CeO₂ Ⅱ 型异质载体在界面具有强电子相互作用和氧空位的协同作用，所以具有较高的电子和空穴分离效率。一方面，由于材料间轻微的晶格不匹配，复合载体在制备过程中产生了缺陷能级，它的位置均低于 CeVO₄ 和 CeO₂ 中形成的导带底，这可以减少电子跃迁的能垒，显著阻止光生载流子的复合[160]。另一方面，CeVO₄/CeO₂ 复合物中两种材料间的强电子相互作用加速了电子从 CeO₂ 向 CeVO₄ 转移。接下来，半导体价带对水的氧化作用产生了高浓度的·OH。然后，光生电子与空穴及·OH 转移到 CeVO₄/CeO₂ 复合载体表面。在复合材料界面强电子相互作用和氧空位的协同作用下，电子从 CeVO₄/CeO₂ 载体表面向 Co 纳米粒子表面转移。由于催化剂 Co-CeVO₄/CeO₂ 构筑了电子富集的 Co 纳米粒子表面，使可见光下 NH₃BH₃ 的分解速率显著提高。值得注意的是，从催化剂的能带位置可以得出结论：NH₃BH₃ 放氢并不是类似光解水的机理，它不是氧化还原反应。这是因为析氢电位为零（$2H^+ + 2e \rightarrow H_2$，$E^{\ominus}_{\text{reduction}} = 0V$），催化剂导带电位越负还原性能越好，然而在 Co-CeVO₄/CeO₂ 体系中，CeVO₄ 和 CeO₂ 的 CB 均不满足质子还原制氢条件。因此，NH₃BH₃ 水解制氢不是质子还原产生的。

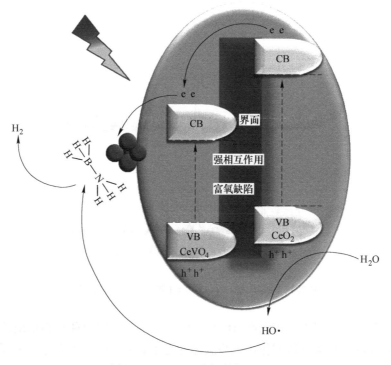

图 2-36　NH₃BH₃ 水解制氢机理图

除催化剂的活性外，催化剂的循环稳定性对它的实际应用也是至关重要的。因此，作者测试了 Co-CeVO$_4$/CeO$_2$-2：1 在 25℃可见光照下的催化 NH$_3$BH$_3$ 制氢循环性能。结果表明，经过 5 次催化循环后，催化剂活性并未显著降低（见图 2-37）。此外，Co-CeVO$_4$/CeO$_2$-2：1 的晶相在循环实验后没有变化（见图 2-38），表明催化剂具有良好的循环耐久性。

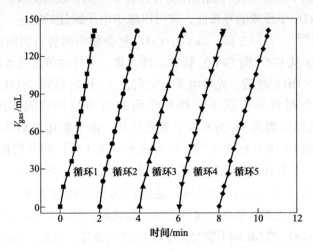

图 2-37 室温下 Co-CeVO$_4$/CeO$_2$-2：1 催化 NH$_3$BH$_3$ 水解制氢循环图

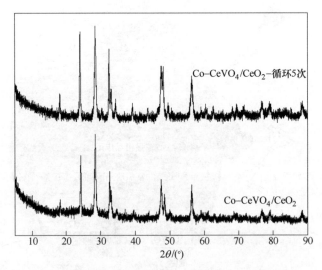

图 2-38 Co-CeVO$_4$/CeO$_2$-2：1 循环前后 PXRD 图

综上所述，本章以 CeVO$_4$/CeO$_2$ 复合物为载体，利用两种材料形成的具有强电子相互作用和氧空位协同作用提高载体的光生载流子的分离效率，从而提高载体中电子向钴纳米粒子表面转移的效率,使催化剂在波长为 $420\sim780nm$ 的光照下具有高效的 NH_3BH_3 水解制氢活性。纳米复合载体中 $CeVO_4$ 与 CeO_2 的质量比为 $2:1$ 时制备的钴基催化剂具有最高的光催化活性。此外,捕获实验和多电子积累实验表明,光生电子、空穴及 $\cdot OH$ 对非贵金属催化剂 $Co\text{-}CeVO_4/CeO_2$ 催化 NH_3BH_3 水溶液产氢活性的提高起着重要的促进作用。这项工作为设计可以大规模使用的高效催化 NH_3BH_3 水解制氢催化剂提供了借鉴。

3 钴纳米片/钒酸铈纳米带@聚多巴胺光催化硼烷氨制氢

3.1 引　言

为了开发低成本、高活性的催化剂以满足光催化硼烷氨制氢的大规模实际应用，引入了钴、镍等非贵金属作为活性组分来替代贵金属。然而，非贵金属基催化剂的催化性能远远不能满足实际应用的需要。据报道[46,55,161,162]，负载型催化剂中活性金属的电子密度对其催化 NH_3BH_3 的制氢有显著影响，调节活性金属组分与载体之间的电子相互作用，调控催化剂表面电子结构从而改变活性金属的电子密度是目前各种催化反应中受到人们广泛关注的调控催化剂电子密度的方式。近年来，在光催化 NH_3BH_3 水解体系中通过调控金属与载体的相互作用来进一步调节催化剂的电子密度已经得到一定发展，而调控载体与活性组分的接触面积、提高两者间的相互作用研究得较少[73,88,90,94]。因此，通过选择并设计合理载体和活性金属的形貌，增大两者之间的接触面积，实现活性组分与载体之间的强电子相互作用，是构建高效非贵金属催化剂的一项重要而富有挑战性的工作。

具有高比表面积、丰富的催化活性中心和较短的载流子扩散长度的二维纳米片在多相光催化中受到越来越多的关注。作者课题组曾报道利用超薄半导体纳米片（C_3N_4 和 V_2O_5）作为载体负载非贵金属纳米颗粒，在可见光照射下具有高效催化 NH_3BH_3 制氢的活性[91]。目前在设计催化剂时，人们关注较多的是载体结构与形貌，对活性金属的结构形貌关注得较少，特别是非贵金属的形态。众所周知，较大的接触界面容易在载体和活性组分之间形成强烈的电子相互作用，这有利于载流子在材料间异质结上的迁移，从而调节催化剂的电子密度。将活性金属的形态调整为二维纳米片，增加了载体和活性金属之间接触界面的同时还暴露了更多的活性中心，提高了活性金属的利用率。因此，由超薄二维金属纳米片与载体制备的负载型催化剂是开发高活性非贵金属催化剂的有效途径。一般来说，二维材料的制备需要模板，制备过程复杂，尤其是与载体有强相互作用的二维金属纳米片的制备过程鲜有报道。此外，载体的光吸收能力也是获得高活性负载型光催化剂的关键因素。因此，通过调控载体与活性组分间作用，制备宽光吸收范围的二维催化剂，具有推动 NH_3BH_3 制氢的大规模应用的潜力，同时具有挑战性。

本章首先以 $CeVO_4$ 纳米带为纳米反应器，通过巧妙设计合成了超薄钴纳米片和 $CeVO_4$ 纳米带 2D/2D 负载型光催化剂，不仅克服了载体引入降低活性组分利用率的现象，而且大大提高了 NH_3BH_3 的制氢速率。另外，通过在 $CeVO_4$ 纳米带表面形成具有强相互作用的聚多巴胺（PDA）包覆层，构建了 Co/$CeVO_4$@PDA，进一步提高了催化剂的光催化性能。Co/$CeVO_4$@PDA 在 25℃可见光照射下，具有催化 NH_3BH_3 水解制氢的优异活性，其 *TOF* 值为 115.38min^{-1}。X 射线光电子能谱（XPS）、高分辨透射电镜（HRTEM）和紫外-可见光谱（UV-vis）等一系列表征技术表明，钴基催化剂具有优良制氢性能的原因是钴和 $CeVO_4$@PDA 之间强烈的电子相互作用与拓宽的催化剂光吸收范围协同作用。本章还探讨了金属纳米片的形成原因和光催化 NH_3BH_3 制氢过程中催化机理（见图 3-1）。

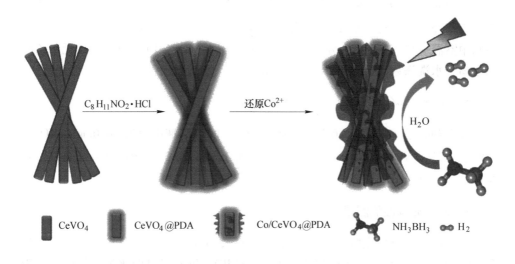

图 3-1 Co/$CeVO_4$@PDA 的制备及其催化 NH_3BH_3 制氢示意图

3.2 催化剂合成与催化放氢性能测试

3.2.1 试剂与仪器

本章研究内容使用的主要试剂和仪器与第 2 章相同。磁性测量（VSM）所用设备为美国 Quantum Design 公司生产的 MPMS（SQUID）XL 型磁学测量系统，红外光谱表征所用设备为天津港东科技股份有限公司生产 FTIR-7600 型红外光谱仪。

3.2.2　催化剂制备

3.2.2.1　CeVO$_4$ 纳米带的制备

将 0.002mol Ce(NO$_3$)$_3$·6H$_2$O 和 0.002mol C$_{10}$H$_{14}$N$_2$Na$_2$O$_8$ 溶解在装有 30mL 蒸馏水的烧杯中，然后通过蠕动泵以 1.5mL/min 的速率添加 0.002mol 溶解在 30mL H$_2$O 中的 NH$_4$VO$_3$。随后，添加适量 NaOH 将 pH 值调节至 9.8~10。最后，将混合物转移至具有聚四氟乙烯内衬的反应釜中，并在 180℃ 下保持 24h。反应完成后，自然冷却至室温，离心分出粉末沉淀，并用无水乙醇和去离子水洗涤数次后在 80℃ 下干燥 12h。

3.2.2.2　CeVO$_4$ 纳米带@PDA 的制备

将 80mg CeVO$_4$ 纳米带分散在 40mL 蒸馏水（以六亚甲基四胺调节溶液 pH 值至 8.3~8.5）中，然后滴加 4mL 含有不同质量的盐酸多巴胺水溶液，混合物在黑暗中室温搅拌 50h。离心分出黑色粉末 CeVO$_4$ 纳米带@PDA 沉淀，用无水乙醇和去离子水洗涤数次后在 40℃ 下干燥 10h。

3.2.2.3　Co/CeVO$_4$@PDA-37 的制备

在 1.0mL 含有 CoCl$_2$·6H$_2$O(0.034mmol) 的水溶液中分散 16.0mg CeVO$_4$@PDA-37，在双颈反应器中搅拌 2h。然后，将 1.5mL 含有 NaBH$_4$(0.068mmol) 和 NH$_3$BH$_3$(1.71mmol) 的水溶液注入上述混合物中。

3.2.3　催化放氢性能测试

催化反应在可见光照射下或在黑暗中进行，循环冷却水使反应体系在反应过程中温度保持在 25℃。为了比较不同厚度的 PDA 包覆层对催化剂制氢性能的影响，其他 5 种催化剂 Co/CeVO$_4$@PDA-8、Co/CeVO$_4$@PDA-16、Co/CeVO$_4$@PDA-24、Co/CeVO$_4$@PDA-42 和 Co/CeVO$_4$@PDA-55 采用与 Co/CeVO$_4$@PDA-37 类似的工艺合成。

3.3　催化剂表征

首先通过 TEM 对合成的 Co/CeVO$_4$ 的形貌与结构进行了表征，并用合成的 CeVO$_4$ 进行了比较。TEM 表征显示，CeVO$_4$ 是由纳米带组成的具有蝴蝶结形状的纳米捆，纳米带表面光滑，直径范围为 20~35nm，长度范围为 500~800nm（见图 3-2（a））。通过 HRTEM 进一步确定了 CeVO$_4$ 结构特点，它的晶格间距为

0.48nm，对应 CeVO$_4$ 的（101）晶面（见图 3-2（b））。另外，晶格条纹清晰证实 CeVO$_4$ 具有较高结晶度。正如设计预料，对于 Co/CeVO$_4$ 而言，载体 CeVO$_4$ 保留了它的形貌，钴纳米片生长在 CeVO$_4$ 纳米带的表面和周围，如同衣服的花边（见图 3-3（a））。令人惊喜的是，Co/CeVO$_4$ 对电子束近乎透明的特性表明钴纳米片的厚度非常小、非常薄。HRTEM 表征进一步证实了钴纳米片的形成。这是因为两条晶格条纹层距离为 0.22nm，这正对应金属钴的（422）晶面（见图 3-3（b））。此外，通过元素面扫表征发现钴元素面扫图的宽度要比铈、钒和氧元素宽，这表明钴元素不仅生长在 CeVO$_4$ 纳米捆的表面上，同时还生长在它的周围（见图 3-3（e）~（h））。另外，EDX 图谱也证实了催化剂中存在钴元素（见图 3-3（d））。

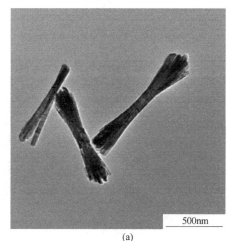
(a)

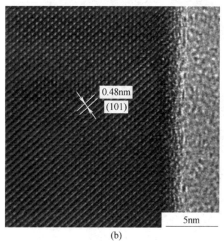
(b)

图 3-2 CeVO$_4$ 结构表征

（a）TEM；（b）高分辨 TEM

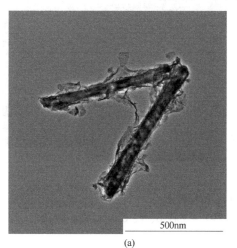
(a)

(b)

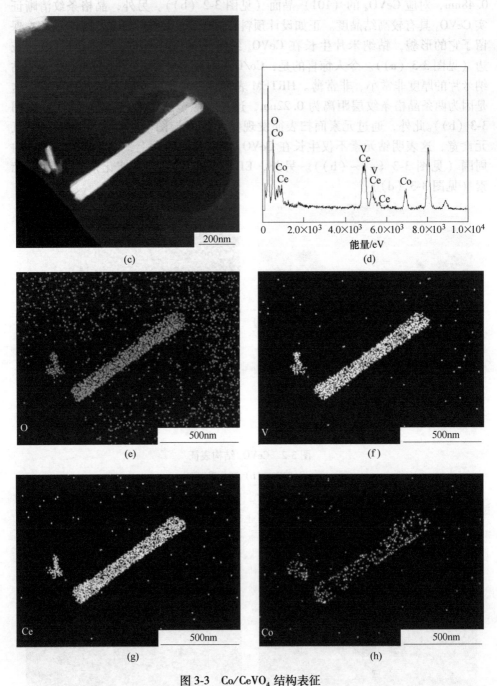

图 3-3　Co/CeVO₄ 结构表征

（a）（c）TEM；（b）高分辨 TEM；（d）EDX；（e）~（h）O、V、Ce 和 Co 元素面扫图

然而，当作者用 $NiCl_2 \cdot 6H_2O$ 作为前驱体取代 $CoCl_2 \cdot 6H_2O$ 时，镍纳米片却没有形成，其中原因需要进一步讨论（见图 3-4 和图 3-5）。

图 3-4　Ni/CeVO₄ 的 TEM 图片

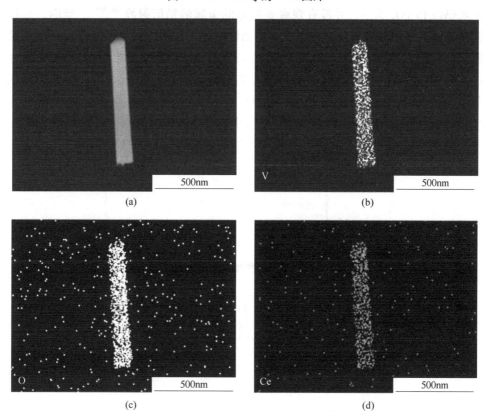

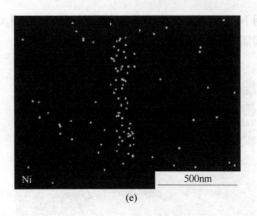

(e)

图 3-5　Ni/CeVO$_4$ 结构表征

(a) TEM；(b) ~ (e) V、O、Ce 和 Ni 元素的面扫图

作者应用 XRD 表征样品的晶体结构信息，从 XRD 图谱可以清楚地发现，已成功地合成纯四方相 CeVO$_4$（JCPDS：01-084-1457）（见图 3-6）。此外，由于 Co/CeVO$_4$ 具有良好的分散性和较强的金属与载体间电子相互作用，因此它的特征峰仍以 CeVO$_4$ 为主，并没有观察到明显的金属的钴衍射峰[61,163]。然而，金属钴在常温空气中极易氧化，使催化剂中活性组分不易确定。为了能够进一步确定催化剂中活性金属为钴，利用金属钴会表现出典型的磁化行为，用磁强计（VSM）在不同条件下测量了 Co/CeVO$_4$ 的室温磁滞环（见图 3-7），实验结果说明未经进一步处理时合成的 Co/CeVO$_4$ 样品具有铁磁磁滞环，饱和磁矩为 3.75emu。当 Co/CeVO$_4$ 经过在 90℃ 空气中加热 53h 的处理时，磁滞回线的磁矩减小到 3emu。这个结果也进一步表明催化剂的活性组分是金属钴。

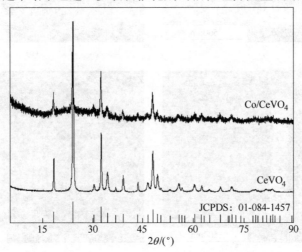

图 3-6　Co/CeVO$_4$ 和 CeVO$_4$ PXRD 图

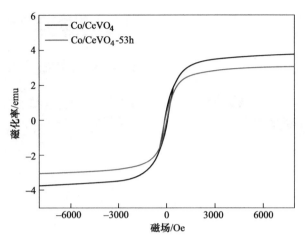

图 3-7 Co/CeVO$_4$ 的室温磁滞回线图

通过 PDA 与 CeVO$_4$ 间形成的电子相互作用，将 PDA 引入由钴纳米片和 CeVO$_4$ 纳米带组成的复合催化剂 Co/CeVO$_4$ 中。在对 Co/CeVO$_4$@PDA 进行系统表征之前，先对具有不同 PDA 厚度的 CeVO$_4$@PDA 复合材料进行研究。通过 TEM 表征可以发现，PDA 的引入没有改变 CeVO$_4$ 的形貌，而是以不同的厚度均匀地包覆 CeVO$_4$ 周围（见图 3-8~图 3-10）。

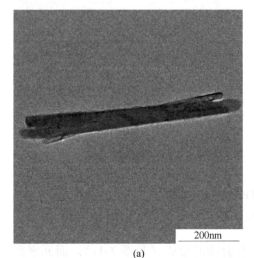

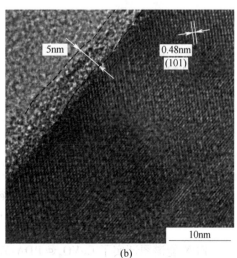

(a) (b)

图 3-8 CeVO$_4$@PDA-16 结构表征

（a）TEM；（b）高分辨 TEM

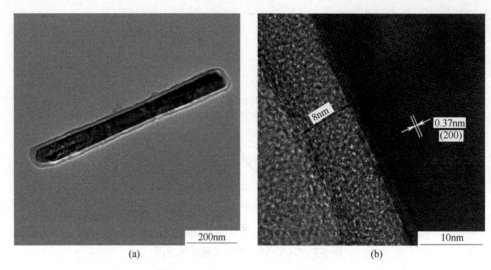

图 3-9   CeVO$_4$@PDA-37 结构表征

（a）TEM；（b）高分辨 TEM

图 3-10   CeVO$_4$@PDA-55 结构表征

（a）TEM；（b）高分辨 TEM

EDX 能谱图证实了 CeVO$_4$@PDA-37 复合物的形成（见图 3-11）。而元素面扫发现碳与氮元素，进一步确认 PDA 均匀地覆盖 CeVO$_4$ 纳米捆表面（见图 3-12）。XRD 衍射图谱确认 PDA 的引入不会导致 CeVO$_4$ 纳米捆发生相变（见图 3-13），Co/CeVO$_4$@PDA-37 的特征峰仍然是 CeVO$_4$ 的特征衍射峰。

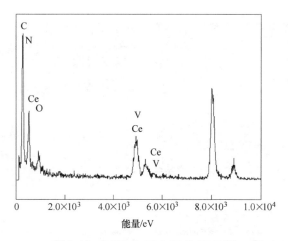

图 3-11 CeVO$_4$@PDA-37 的 EDX 图

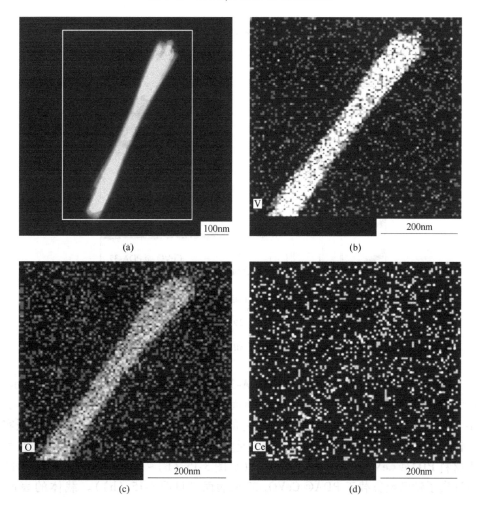

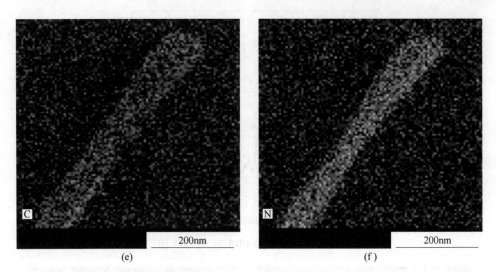

(e)　　　　　　　　　　　(f)

图 3-12　CeVO₄@PDA-37 结构表征

(a) TEM；(b) ～ (f) V、O、Ce、C 和 N 元素的面扫图

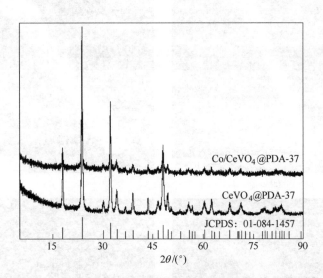

图 3-13　Co/CeVO₄@PDA-37 和 CeVO₄@PDA-37 的 PXRD 图

接下来，进一步对 Co/CeVO₄@PDA-37 的结构进行了表征。TEM 图像显示，钴纳米片仍然生长在 CeVO₄@PDA 的表面和周围，但是钴纳米片的尺寸变得更小（见图 3-14 (a)）。对 HRTEM 纳米片的晶格条纹间距进行测量，进一步证实了钴纳米片的形成（见图 3-14 (b)）。元素面扫表征也表明，钴纳米片生长在纳米材料 PDA@CeVO₄-37 的表面和周围（见图 3-15 (b)~(g)）。同时，EDX 谱图也证实了钴已经负载于 PDA@CeVO₄-37 的表面（见图 3-15 (h)）。载体的表面

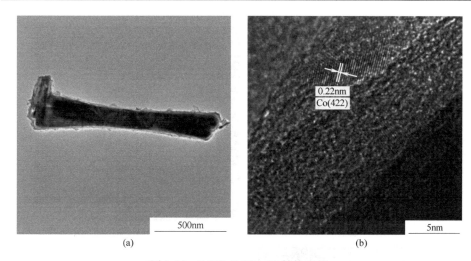

(a)

(b)

图 3-14 CeVO₄@PDA-37 结构表征

（a）TEM；（b）高分辨 TEM

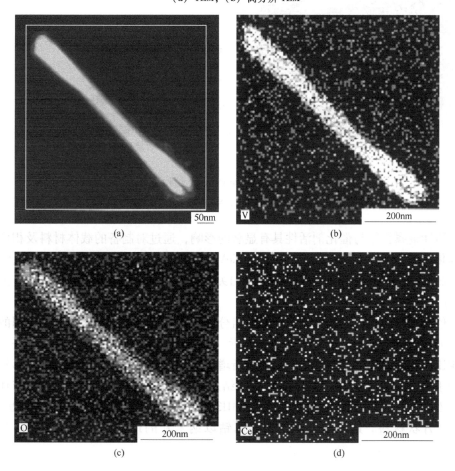

(a)

(b)

(c)

(d)

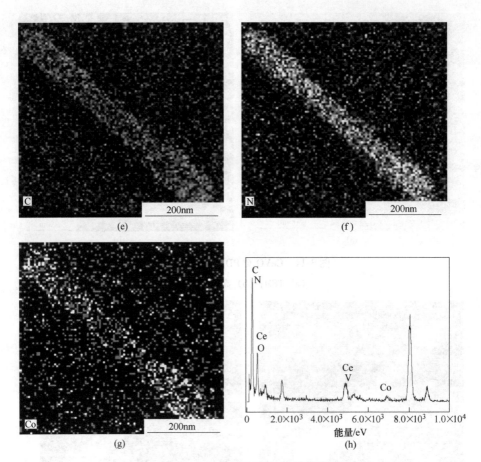

图 3-15 Co/CeVO₄@PDA-37 结构表征

(a) TEM；(b)~(g) V、O、Ce、C、N 和 Co 元素的面扫图；(h) EDX

积对活性金属粒径与催化剂活性具有显著的影响，通过对制备的载体材料及相应的催化剂进行 N_2 吸脱附测试，计算得 $CeVO_4$、$CeVO_4@PDA$-37 和 $Co/CeVO_4@PDA$-37 的比表面积分别为 $21.3m^2/g$、$19.2m^2/g$ 和 $49.7m^2/g$（见图 3-16 ~ 图 3-18）。

值得注意的是，一般来说由于活性组分沉积堵塞了载体通道，因此催化剂的比表面积通常小于载体的比表面积。然而，$Co/CeVO_4@PDA$ 与对照组的比表面积相比，比表面积并没有降低，反而有所增加。这进一步表明，活性金属的形貌不同于传统的纳米粒子，这与 TEM 表征结果相符合。此外，三个样品的回滞环形状不同，尤其是 $Co/CeVO_4@PDA$，为 H3 型，表明样品中的孔结构为狭缝状，来源于片状材料。这也进一步说明金属钴以纳米片的形状负载于载体表面与周围。

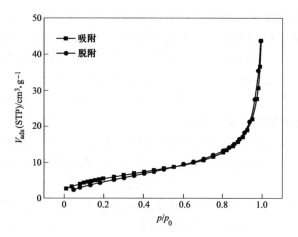

图 3-16 CeVO$_4$ 的 N$_2$ 吸附—脱附等温曲线

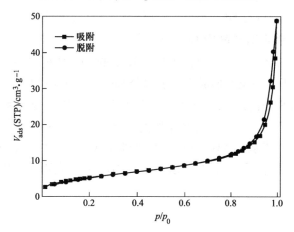

图 3-17 CeVO$_4$@ PDA 37 的 N$_2$ 吸附—脱附等温曲线

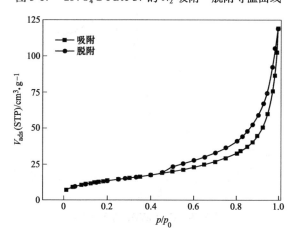

图 3-18 Co/CeVO$_4$@ PDA-37 的 N$_2$ 吸附—脱附等温曲线

　　利用 XPS 研究了催化剂 Co/CeVO$_4$ 和 Co/CeVO$_4$@PDA 中各组成元素的表面电子态性质。同时对 CeVO$_4$ 各元素电子态进行了表征，将其视为比较组。Co/CeVO$_4$ 的全谱如图 3-19 所示，通过 XPS 谱图表明钴、铈、钒和氧四种元素共存于材料表面。对于 CeVO$_4$ 和 Co/CeVO$_4$ 中的氧元素的高分辨率 XPS 光谱（见图 3-20），O 1s 可以拟合为三个峰，峰位分别位于 530.4eV、531.6eV 和 533.1eV 处，这正好对应晶格氧、氧空位和吸收氧[164]。更有趣的是，根据拟合峰的强度比，Co/CeVO$_4$ 和 CeVO$_4$ 表面的氧空位浓度所占比率分别为 0.58 和 0.18，表明 Co/CeVO$_4$ 具有较高浓度的氧空位。这是在制备催化剂的过程中所使用的强还原剂 NaBH$_4$ 和反应物 NH$_3$BH$_3$ 对 CeVO$_4$ 表面的影响所致。此外，与 CeVO$_4$ 中氧元素相比，Co/CeVO$_4$ 中氧元素的 O 1s 光谱明显向高结合能方向移动，这意味着 CeVO$_4$ 中的电子向超薄钴纳米片转移，使 CeVO$_4$ 与超薄钴纳米片之间形成强烈的电子相互作用。对于 CeVO$_4$ 和 Co/CeVO$_4$ 中铈元素的 Ce 3d 高分辨率 XPS 光谱（见图 3-21），峰位在 880~896eV 归属于 Ce 3$d_{5/2}$，峰位在 897~914eV 归属于 Ce 3$d_{3/2}$，这种结果表明样品中 Ce^{4+} 和 Ce^{3+} 共存。此外，根据 XPS 谱峰面积比，Co/CeVO$_4$ 中的 Ce^{3+}/Ce^{4+} 为 4.87，而 CeVO$_4$ 中的 Ce^{3+}/Ce^{4+} 为 4.41，这表明催化剂制备过程中由于氧空位的形成产生了部分 Ce^{3+}。对于 CeVO$_4$ 和 Co/CeVO$_4$ 中钒元素高分辨率 XPS 光谱，V 2p 经过拟合后显示 V^{5+} 和 V^{4+}，表明两种样品中 V^{5+} 和 V^{4+} 共存（见图 3-22）。但是，根据峰强度计算，不同材料间 V^{5+} 和 V^{4+} 之间的比率是不同的。V^{5+}/V^{4+} 从 CeVO$_4$ 中的 5.13 降低到 Co/CeVO$_4$ 中的 5.02，这同样是制备催化剂的过程中所使用的强还原剂 NaBH$_4$ 和反应物 NH$_3$BH$_3$ 对 CeVO$_4$ 表

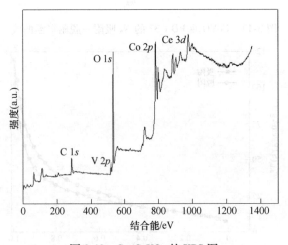

图 3-19　Co/CeVO$_4$ 的 XPS 图

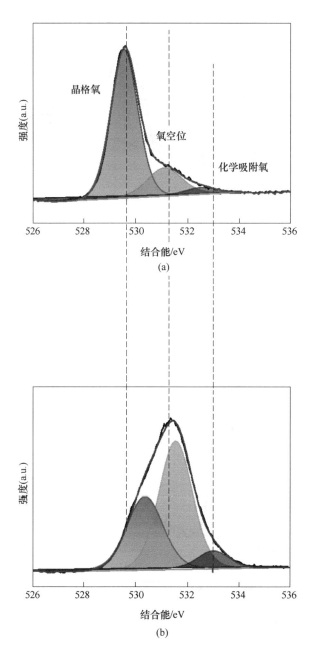

图 3-20　O 1s 的 XPS 图

（a）CeVO$_4$；（b）Co/CeVO$_4$

面的影响所致。需要指出的是，相较于载体 CeVO$_4$，催化剂 Co/CeVO$_4$ 中的 Ce 3d 和 V 2p 的光谱向高结合能方向移动，这进一步证实了 CeVO$_4$ 与超薄钴纳米片

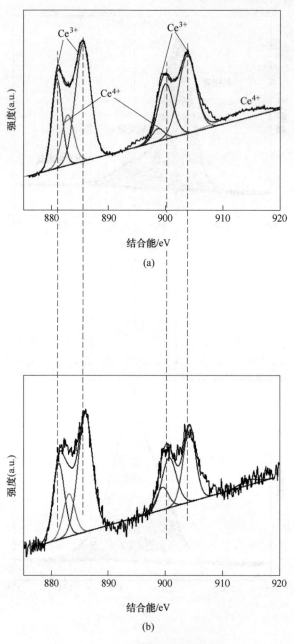

图 3-21 Ce 3*d* 的 XPS 图

(a) CeVO₄；(b) Co/CeVO₄

之间的强电子相互作用。同样地，在研究 Co/CeVO₄@ PDA 中组成元素的表面电子态之前，对 CeVO₄@ PDA 的表面元素的电子态进行研究。通过对 CeVO₄@

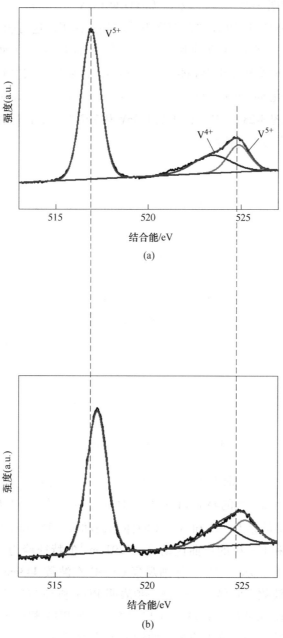

图 3-22　V 2p 的 XPS 图

(a) CeVO$_4$；(b) Co/CeVO$_4$

PDA-37 进行 XPS 全谱表征（见图 3-23），催化剂中存在较强的碳和氮信号，表明 PDA 层的形成。此外，通过与 CeVO$_4$ 的 Ce 3d 和 V 2p 中的结合能进行对比分析（见图 3-24 和图 3-25），可以发现 CeVO$_4$@PDA 中 Ce 3d 和 V 2p 会向低结合能移动，表明 CeVO$_4$ 和 PDA 之间存在电子的相互作用，这可能是 PDA 中的 NH$_2$ 与 CeVO$_4$ 中的铈和钒的相互作用导致的。催化剂 Co/CeVO$_4$@PDA 的 XPS 全谱（见图 3-26）表明样品中存在强烈的钴信号，说明钴已被负载在 CeVO$_4$@PDA 表面。同时，催化剂 Co/CeVO$_4$ 和 Co/CeVO$_4$@PDA 中 Co 2p 可以拟合为 6 个峰（见图 3-27 和图 3-28），其中位于 781.3eV 和 797.1eV 的特征峰为 Co^{2+} 的 Co 2p，同时也观察到了金属钴的特征。

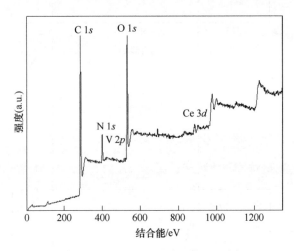

图 3-23　CeVO$_4$@PDA-37 的 XPS 图

FTIR 可以进一步表征 PDA 和 CeVO$_4$ 之间的相互作用（见图 3-29）。对于 CeVO$_4$ 纯样，443cm^{-1} 处的特征峰为 Ce—O 伸缩振动峰；对于 CeVO$_4$@PDA，3423cm^{-1} 处的特征峰是 O—H 和 N—H 的伸缩振动峰，1603cm^{-1} 的特征峰为芳香环的伸缩振动峰和 N—H 的弯曲振动峰，1291cm^{-1} 的特征峰为芳香弯曲振动峰，这说明已经形成了 PDA[165-167]。仔细观察 Ce—O 在波数 443cm^{-1} 附近的特征峰，可以发现其向大波数方向移动，这进一步表明 PDA 和 CeVO$_4$ 之间存在强烈的相互作用。此外，Co/CeVO$_4$@PDA 显示出与 CeVO$_4$@PDA 相似的红外光谱，并且没有观察到新的特征峰，这表明超薄的钴纳米片的形成不会影响 CeVO$_4$@PDA 结构，这与 XRD 表征结果一致。以上这些表征结果都表明催化剂 Co/PDA@CeVO$_4$ 中各组分间具有较强的电子相互作用，这一特点对设计电子密度可调的高活性催化剂非常重要。

催化剂的光吸收对其光催化性能具有显著的影响。因此，可利用紫外-可见

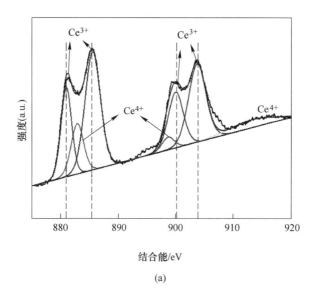

(a)

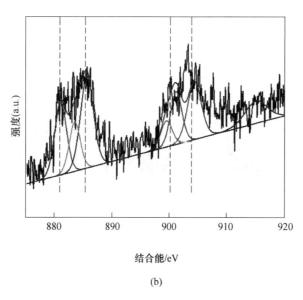

(b)

图 3-24 Ce 3d 的 XPS 图

（a）CeVO$_4$；（b）CeVO$_4$@PDA-37

光光吸收谱研究 PDA 的引入前后对载体 CeVO$_4$ 光吸收范围的影响（见图 3-30）。结果表明，与纯 CeVO$_4$ 相比，PDA 的引入明显扩大了 CeVO$_4$ 的吸收范围，而且

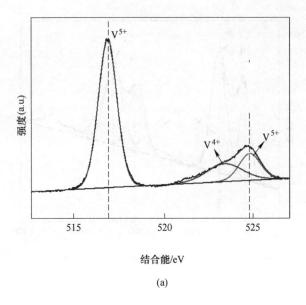

(a)

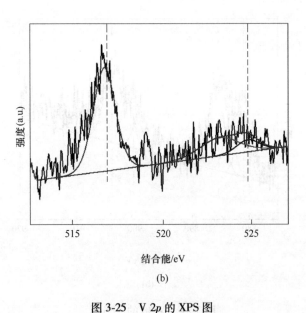

(b)

图 3-25 V 2*p* 的 XPS 图
(a) CeVO₄; (b) CeVO₄@PDA-37

提高了 CeVO₄ 的光吸收强度。此外，具有不同 PDA 包覆厚度的复合载体具有相似的带隙，经计算约为 1.53eV，而未经处理的 CeVO₄ 的带隙约为 1.61eV。

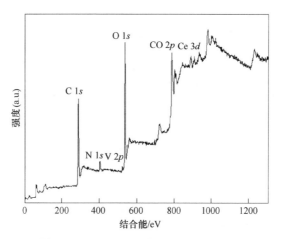

图 3-26 Co/CeVO$_4$@PDA-37 的 XPS 图

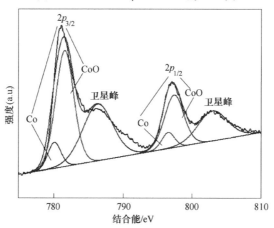

图 3-27 Co/CeVO$_4$ 中 Co 2p 的 XPS 图

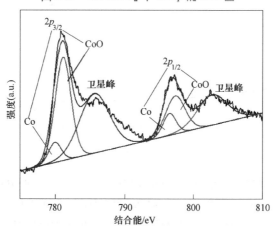

图 3-28 Co/CeVO$_4$@PDA-37 中 Co 2p 的 XPS 图

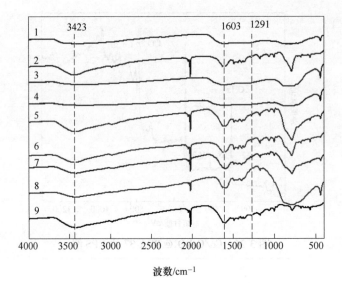

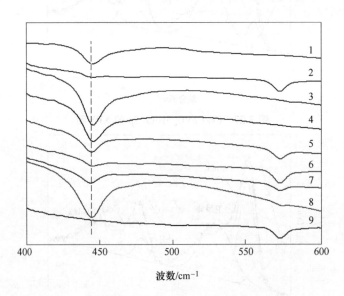

图 3-29　不同厚度的 CeVO$_4$@PDA、Co/CeVO$_4$@PDA、CeVO$_4$ 和 PDA 的红外光谱图

1—Co/CeVO$_4$@PDA-37；2—CeVO$_4$@PDA-55；3—CeVO$_4$@PDA-42；

4—CeVO$_4$@PDA-37；5—CeVO$_4$@PDA-24；6—CeVO$_4$@PDA-16；

7—CeVO$_4$@PDA-8；8—CeVO$_4$；9—PDA

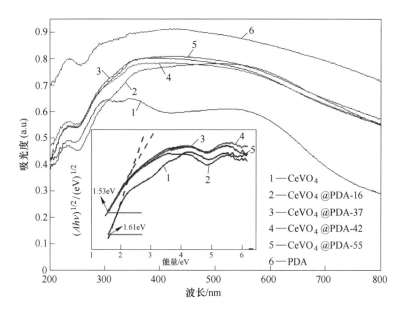

图 3-30   CeVO₄ 和不同厚度的 CeVO₄@PDA 紫外-可见光谱

　　紫外光电子能谱（UPS）是测量材料半导体能带位置的有效工具。因此，以 He Ⅰ 为光子能量（21.2eV），可以利用 UPS 确定 CeVO₄ 价带边位置（见图 3-31）。根据 UPS 数据计算结果，CeVO₄ 的价带相对位置为 3.45eV（相对于表征氢电极（NHE））。结合上述计算得到的 CeVO₄ 带隙数据，其导带底为 1.84eV。根据计算得到的催化剂能带位置，光催化 NH₃BH₃ 制氢所产生的 H₂ 不是来源于水，并不是像光解水由电子还原质子产生。此外，由于 CeVO₄ 与钴功函数的不同，所以当两者接触时电子从 CeVO₄ 的导带流向钴纳米片，导致肖特基势垒的形成，这与 XPS 表征结果是一致的。将活性金属和载体的形态调整为 2D 纳米片和纳米带可以增加两者的接触界面进而加强两者间电子相互作用。在可见光照射下，CeVO₄ 纳米带可以产生更多的激发电子向钴纳米片注入，从而使电荷分离效率增强[73]。

　　瞬态光电流密度是确定光活性材料光生载流子分离效率的有效手段，可以利用光电流密度测试表征不同 PDA 包覆厚度对 CeVO₄ 光生载流子分离效率的影响（见图 3-32）。当打开灯时，观察到所有样品均产生瞬态光电流。随着 PDA 厚度的增加，光电流密度逐渐增大。这是因为 PDA 的引入使 CeVO₄ 的吸收范围明显扩大，为光生载流子的产生提供了更大的驱动力。在测试的所有样品中，CeVO₄@PDA-37 的瞬态光电流密度是最大的。继续增加 PDA 的厚度，样品的瞬

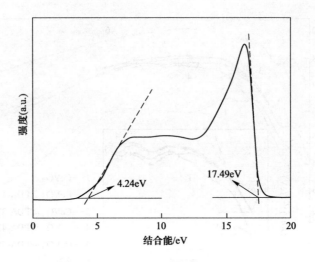

图 3-31　CeVO$_4$ 的 UPS 图

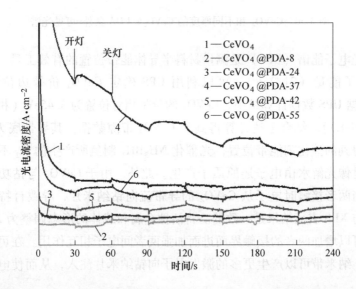

图 3-32　CeVO$_4$ 和不同厚度的 CeVO$_4$@PDA 瞬态光电流密度时间分布图

态光电流密度变小。这是因为在 CeVO$_4$ 表面包覆过厚的 PDA 会因为 PDA 的屏蔽作用大大抑制了 CeVO$_4$ 的光吸收，进而影响 CeVO$_4$ 的光生载流子分离效率。此外，仔细观察包覆 PDA 前后及调整 PDA 包覆厚度前后样品的光电流形状，可以发现光电流的方向与原始 CeVO$_4$ 相反，这是因为 PDA 和 CeVO$_4$ 之间的强电子相互作用改变了 CeVO$_4$ 的表面结构所致[168]。

3.4　催化活性表征与反应机理

在系统研究 PDA 的引入对催化剂活性影响之前，研究了作为纳米反应器的 $CeVO_4$ 纳米片对钴纳米片形成的影响（见图 3-33）。在可见光照射和黑暗条件下，2D/2D 超薄钴纳米片/$CeVO_4$ 纳米带与活性金属钴作为单组分催化剂相比，催化 NH_3BH_3 脱氢性能几乎相同。说明通过调控活性组分与载体的形貌，增大接触界面大，可以克服目前催化剂制备过程中载体的引入降低活性组分活性的现象[169,170]。

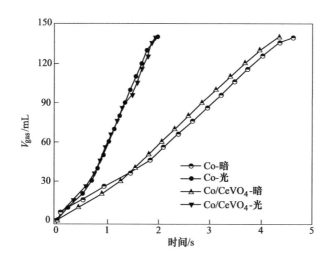

图 3-33　在可见光照射和无光条件下两种钴基催化剂催化 NH_3BH_3 放氢曲线图

为了研究钴纳米片的形成原因，作者考察了不同催化剂制备方法对纳米片形成的影响。方法一：将 $NaBH_4$ 和 NH_3BH_3 水溶液同时注入反应器的一步法，即本章采用的样品制备方法。方法二：先注入 $NaBH_4$ 溶液，再注入 NH_3BH_3 的两步法制备。从两步法制备的 Co/$CeVO_4$ TEM 图像可以看出（见图 3-34），$CeVO_4$ 纳米带周围生长的钴纳米片的密度小于一步法制备的 Co/$CeVO_4$。结果表明，NH_3BH_3 与 $NaBH_4$ 的注入顺序对 $CeVO_4$ 纳米带的表面结构有显著影响。

为了证实 $CeVO_4$ 纳米带的表面电子结构影响了钴纳米片的形成，采用 XPS 研究了两步法制备的 Co/$CeVO_4$ 中组成元素的表面电子态性质。在两步法制备的 Co/$CeVO_4$ O 1s 高分辨率 XPS 光谱中，氧空位比率为 0.60，大于一步法制备的 Co/$CeVO_4$ 的氧空位比率（见图 3-35）。

图 3-34　两步法制备的 Co/CeVO₄ TEM 图

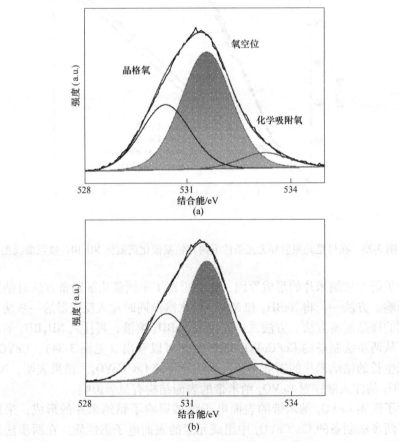

图 3-35　Co/CeVO₄ 中 O 1s 的 XPS 图

(a) 两步法；(b) 一步法

通常，材料中出现缺陷会影响材料表面的电荷分布。因此，可采用 Zeta 电位进一步表征一步法制备 $Co/CeVO_4$ 的表面电荷（见图 3-36）。结果表明，$CeVO_4$ 纳米带在以 H_2O 为分散剂的溶液中 Zeta 电位表现出+0.37mV，同时当 $CeVO_4$ 纳米带与 $NaBH_4$ 和 NH_3BH_3 接触后，Zeta 电位为+3.02mV，这会导致 $CeVO_4$ 纳米带与带正电的金属阳离子 Co^{2+} 之间存在较小的静电斥力，这对 Co^{2+} 的吸附和超薄钴纳米片的形成具有重要影响。此外，在可见光照射和黑暗条件下，两步法和一步法制备的 $Co/CeVO_4$ 对 NH_3BH_3 制氢的活性的显著差异，进一步证实了形成具有与 $CeVO_4$ 纳米带较大接触界面的钴纳米片对催化剂活性具有显著影响（见图 3-37）。

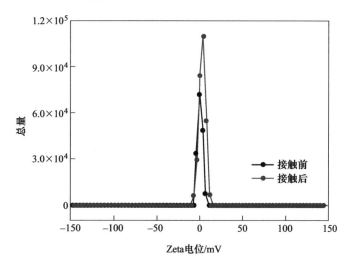

图 3-36　与 $NaBH_4$ 和 NH_3BH_3 接触前后 $CeVO_4$ 的 Zeta 电位图

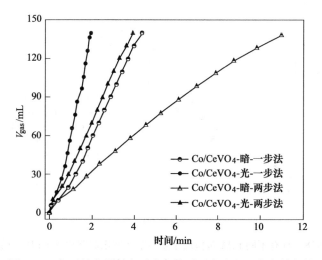

图 3-37　在可见光照射和无光条件下两步法和一步法制备的
钴基催化剂催化 NH_3BH_3 放氢曲线图

接下来，作者系统研究了 PDA 的引入对催化剂催化 NH_3BH_3 制氢活性的影响。结果表明在黑暗条件下，较薄的 PDA 层改性的 $Co/CeVO_4$ 催化性能好于未经 PDA 修饰的 $Co/CeVO_4$ （见图 3-38 （a））。然而，随着 $CeVO_4$ 纳米片表面 PDA 层厚度的增加，催化性能下降，这是因为过厚的 PDA 层影响了 Co^{2+} 和 $CeVO_4$ 纳米片之间的接触，并抑制了超薄钴纳米片的形成。当光照时（λ 为 420～780nm），

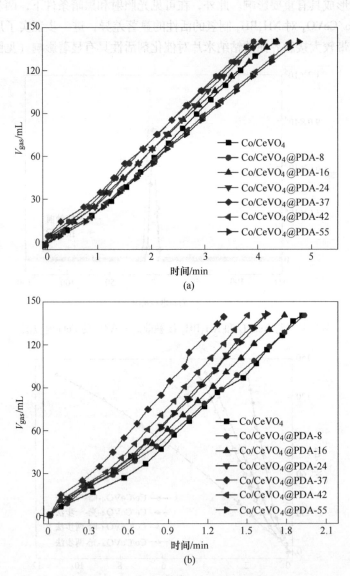

图 3-38   具有不同 PDA 包覆层厚度的钴基催化剂催化 NH_3BH_3 脱氢性

(a) 暗催化；(b) 光催化

随着 PDA 包覆层厚度的变化，Co/CeVO$_4$@PDA 比 Co/CeVO$_4$ 光催化 NH$_3$BH$_3$ 水溶液制氢速率增强（见图 3-38（b）），表明引入 PDA 层可以提高催化剂的活性。这是因为在 PDA 和 CeVO$_4$ 纳米带之间构建强相互作用，不仅可以拓宽催化剂的光吸收范围，还可以提高光生载流子分离效率。在上述催化剂中，Co/CeVO$_4$@PDA-37 显示出最高的光催化活性，其 *TOF* 值为 115.38min^{-1}，这是文献报道的具有最高活性的非贵金属催化剂之一（见图 3-39 和表 3-1）。然而，随着 PDA 层厚度的增加，催化剂的性能却下降，这是由于过厚 PDA 层的屏蔽效应，极大地抑制了 CeVO$_4$ 的光吸收能力和超薄钴纳米片的形成。值得指出的是，载体 CeVO$_4$ 的结构优势对催化剂的活性有显著影响。与文献报道的具有光催化 NH$_3$BH$_3$ 制氢性能的其他催化剂相比，以 CeVO$_4$ 为载体制备的非贵金属催化剂对 NH$_3$BH$_3$ 制氢具有良好的本征催化活性[82,95]。

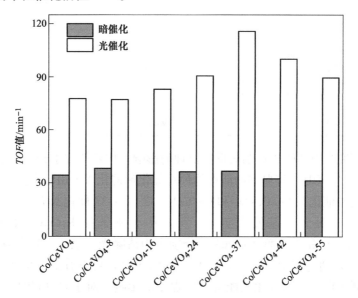

图 3-39 具有不同 PDA 包覆层厚度的钴基催化剂在暗催化与光催化 NH$_3$BH$_3$ 放氢的 *TOF* 值

表 3-1 文献报道过与本书中涉及催化剂 *TOF* 值对比

催化剂	*TOF* 值/min^{-1}	参考文献
Co/CeVO$_4$	77.59	本书
Co/CeVO$_4$@PDA-37	115.38	本书
Co/Cu-190	164.8	[96]
Co/CNN-0.4	123.2	[95]

催化剂	TOF 值/min^{-1}	参考文献
Ni/ZIF-8	85.7	[50]
Co_xCuO_{1-x}-GO	70	[57]
$Pd_{10}Ni_6$@MIL-101	83.1	[171]
$Cu_{0.8}Ni_{0.1}Co_{0.1}$@MIL-101	72.1	[172]
$Rh_{15}Ni_{85}$@ZIF-8	58.8	[155]
$Cu_{0.5}Ni_{0.5}$/CMK-1	54.8	[173]
Cu/Ru@C-1b	97	[44]
$Ni-CeO_x$	68.2	[61]
AuCo/NCX-1	42.1	[39]
PdCo/C	35.7	[47]
Co@C-N@SiO_2-800	8.4	[174]
NiCoP/OPC-300	95.24	[175]

为了探究光对 NH_3BH_3 制氢反应机理的影响，作者研究了光生电子、空穴和羟基自由基（·OH）等典型的活性物种对催化剂催化 NH_3BH_3 产氢活性的影响。因此，在两种催化剂 $Co/CeVO_4$ 和 $Co/CeVO_4$@PDA-37 催化 NH_3BH_3 制氢反应中进行了上述三种自由基捕获实验。实验中分别选择 $K_2Cr_2O_7$（100μmol/L）、KI（100μmol/L）和 2-丙醇（100μL）分别作为清除光生电子、光生空穴和·OH 的牺牲剂[82]。通过实验结果（见图 3-40 和图 3-41）可以看出，在反应体系引入不同牺牲剂对催化剂的催化性能有不同程度的影响。对于 $Co-CeVO_4$ 来说，与不加牺牲剂的反应速率相比，三种牺牲剂并没有显著降低 NH_3BH_3 制氢速率。而 $Co/CeVO_4$@PDA 中引入牺牲剂时，催化剂的活性受到显著影响，NH_3BH_3 析氢速率明显降低。在三种牺牲剂中，$K_2Cr_2O_7$ 对 $Co/CeVO_4$@PDA 和 $Co/CeVO_4$ 催化 NH_3BH_3 制氢活性具有较大影响，这表明催化剂表面电子密度对催化剂性能影响显著，尤其是 $Co/CeVO_4$@PDA 的表面可以促进更多电子的积累。为了证明 $Co/CeVO_4$ 与 $Co/CeVO_4$@PDA，特别是 $Co/CeVO_4$@PDA 表面更容易产生大量的光生电子，作者使用两种染料分子亚甲基蓝（MB）与罗丹明 6G（R6G）作为探针，因为 MB 的还原反应是两个电子反应，而 R6G 的还原反应是一个单电子反应[176,177]。实验结果表明，无论是 $Co/CeVO_4$ 还是 $Co/CeVO_4$@PDA，在降解 MB 时的活性都比降解 R6G 性能更优异，这表明 $Co/CeVO_4$ 和 $Co/CeVO_4$@PDA 的表

面更利于多电子的积累。特别是 Co/CeVO₄@PDA 具有更好的 MB 降解活性，这进一步证实了引入 PDA 可以扩大催化剂的吸收范围从而使催化剂表面产生更多的电子（见图 3-42 和图 3-43）。

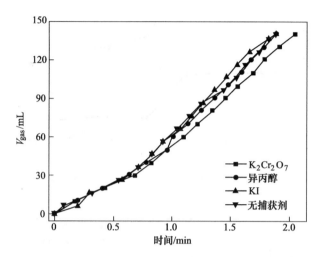

图 3-40　反应体系引入三种捕获剂时 Co/CeVO₄ 光催化 NH₃BH₃ 制氢性能图

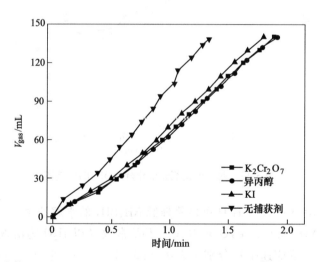

图 3-41　反应体系引入三种捕获剂时 Co/CeVO₄@PDA-37 光催化 NH₃BH₃ 制氢性能图

目前文献报道无论是暗催化还是光催化 NH₃BH₃ 水溶液制氢气过程，水分子中的 O—H 键断裂是 NH₃BH₃ 制氢的决速步骤[85,97]。为了确认这一说法，作者利用氧化氘（D₂O）替代 H₂O 去溶解 NH₃BH₃，以 Co/CeVO₄ 和 Co/CeVO₄@PDA 为催化剂，进行了 NH₃BH₃ 制氢实验，并计算动力学同位素效应（KIE）值。实

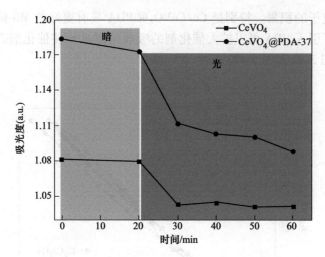

图 3-42   两种催化剂光催化降解 R6G 的性能图

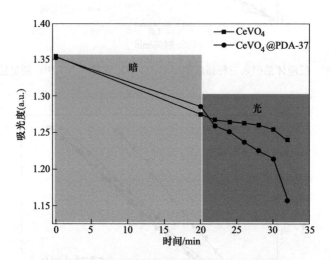

图 3-43   两种催化剂光催化降解 MB 的性能图

验结果表明，用 D_2O 代替 H_2O 可显著降低 NH_3BH_3 的水解速率（见图 3-44 和图 3-45）。$Co/CeVO_4$ 和 $Co/CeVO_4@PDA$ 的 *KIE* 常数（以 H_2O 为溶剂时反应速率/以 D_2O 为溶剂时反应速率）分别为 2.07 和 3.21。实验进一步证实，H_2O 中 O—H 键的断裂是 NH_3BH_3 水解制氢的决速步骤。此外，通过计算得到的 $Co/CeVO_4@PDA$ 的 *KIE* 常数比 $Co/CeVO_4$ 的要大，这表明，PDA 的引入对促进 NH_3BH_3 水解制氢过程中 O—H 键的断裂起到了重要作用。

基于上述表征和实验结果，作者提出了 NH_3BH_3 光催化制氢的可能机制（见图 3-46）。光活性半导体 $CeVO_4$ 吸收可见光后产生电子和空穴，引入 PDA 后明显

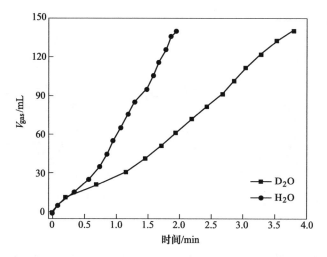

图 3-44 以 Co/CeVO$_4$ 为催化剂 D$_2$O 代替 H$_2$O 光催化 NH$_3$BH$_3$ 制氢曲线

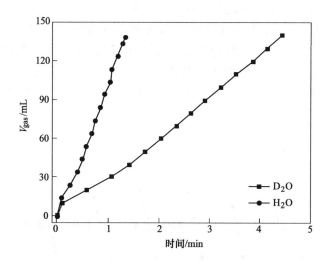

图 3-45 以 Co/CeVO$_4$@PDA-37 为催化剂 D$_2$O 代替 H$_2$O 光催化 NH$_3$BH$_3$ 制氢曲线

扩大了 CeVO$_4$ 的吸收范围，使催化剂产生了更大的驱动力，从而产生了更多的电子数和空穴数，提高了光生载流子的分离效率。随后，由于空穴和 H$_2$O 之间反应生成·OH[178,179]，光生电子、空穴和·OH 迁移到 CeVO$_4$ 或 CeVO$_4$@PDA 的表面并转移到活性组分表面，吸附 H$_2$O 后攻击 B—N 键，以进一步提高 H$_2$ 析出率。得益于 2D-2D 异质结，电子很容易从 CeVO$_4$ 纳米带或 CeVO$_4$ 纳米带@PDA 向活性金属转移。此外，超薄的 2D 钴纳米片不仅通过活性组分与载体间增加接触面积，进一步增强两者间的电子相互作用，还可以暴露更多的活性中心，从而进一步提高可见光照射下 NH$_3$BH$_3$ 的制氢速率。

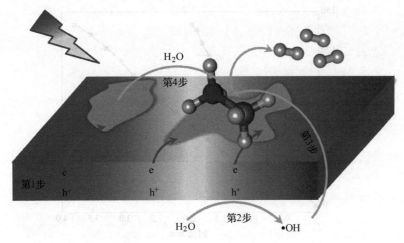

图 3-46　$CeVO_4$ 或 $CeVO_4$@PDA 可见光照射下催化 NH_3BH_3 放氢示意图

　　值得一提的是，催化剂的循环性能对它的实际应用非常重要。因此，测试了在可见光照射下催化剂 $Co/CeVO_4$@PDA 的循环性能。实验结果表明，催化剂在 5 次循环后的活性几乎保持不变（见图 3-47），并且经过 XRD 表征 5 次循环实验后催化剂 $Co/CeVO_4$@PDA 的晶体结构，结果表明经过循环后 $Co/CeVO_4$@PDA 结晶相得到保持，这些结果都表明催化剂具有良好的循环使用性能（见图 3-48）。

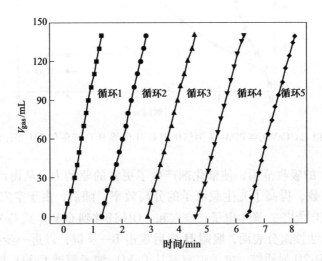

图 3-47　$Co/CeVO_4$@PDA-37 光催化 NH_3BH_3 放氢循环图

　　本章制备了一种利用 $CeVO_4$ 纳米带作为纳米反应器负载超薄钴纳米片的高

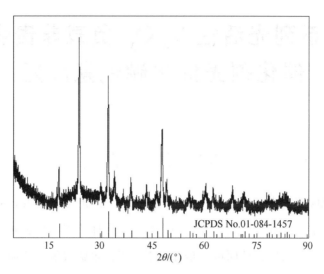

JCPDS No.01-084-1457

图 3-48　5 轮循环后 Co/CeVO$_4$@PDA-37 的 PXRD 图

效催化剂 Co/CeVO$_4$。由于钴与 CeVO$_4$ 接触界面较大，使 Co/CeVO$_4$ 克服了与载体结合后活性组分利用率降低的现象。利用 PDA 与 CeVO$_4$ 纳米带表面电子相互作用，将其引入 Co/CeVO$_4$ 中形成 Co/CeVO$_4$@PDA，该催化剂表现出优异的催化性能，*TOF* 值可以达到 115.38 min^{-1}，捕获实验和多电子积累实验证实了在可见光照射下 Co/CeVO$_4$@PDA 对增加活性金属表面电子密度起着至关重要的作用。结构表征说明，Co/CeVO$_4$@PDA 具有优良的制氢性能的原因是各种组分间可以形成较强的电子相互作用，拓宽催化剂可见光吸收范围，调整了催化剂表面电子密度。这项工作为制备高效光催化 NH$_3$BH$_3$ 制氢气的高效催化剂提供了思路。

4 系列光活性 V_xO_y 负载非贵金属催化剂光催化硼烷氨放氢

4.1 引　言

在光催化硼烷氨水解反应中，催化剂上活性金属的电子密度，对催化反应中间体的形成是十分有利的。利用合适的光活性半导体负载活性金属可以提高光照时催化剂上的电子密度，从而进一步促进 NH_3BH_3 水解放氢。然而，不同的载体对催化剂中活性组分电子密度的富集程度是不同的。如何利用调控催化剂中活性组分电子密度的方法进一步提高 NH_3BH_3 水解产氢的效率仍然是一个挑战。研究表明，对半导体进行改性，提高它的光吸收及减小其带隙是很有效的办法[180,181]。近年来发展的原子缺陷技术可以有效地减少半导体的带隙[182~186]。此外，具有孔结构与纳米片结构的半导体也利于光吸收及光生载流子的分离[187,188]。

基于以上的考虑，本章中进行两部分工作。首先，制备了 V/O 比例不同的三种金属氧化物 V_2O_5、VO_2 和 V_2O_3，并以它们为载体制备了钴基与镍基催化剂，考察了载体结构对催化剂性能的影响。其次，在本章第一部分工作的启发下，以结构最稳定的 V_2O_5 为深化研究对象，通过氢气处理制备一系列具有孔结构与氧缺陷的二维 V_2O_5 纳米片，将其作为载体负载非贵金属钴或镍纳米粒子，研究材料缺陷与催化 NH_3BH_3 产氢性能之间的构效关系。在第二部分工作中，当可见光照射到多孔 V_2O_5 上时，可见光的利用效率会增加；由于氧缺陷的存在使 V_2O_5 带隙减小，有利于光生载流子分离。另外，二维片层结构有利于光生电子向活性金属纳米粒子上传递。综合以上有利因素，多孔且富氧缺陷的半导体 V_2O_5 负载非贵金属催化剂催化 NH_3BH_3 的产氢活性得到大幅提高（见图 4-1）。

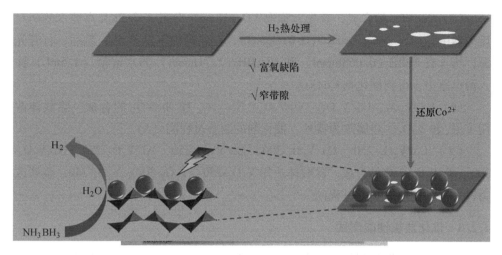

图 4-1　多孔且富氧缺陷的 V_2O_5 合成及其负载非贵金属催化剂光催化 NH_3BH_3 放氢示意图

4.2　催化剂合成与催化放氢性能测试

4.2.1　试剂与仪器

本章研究内容使用的主要试剂和仪器与第 2 章和第 3 章相同。

4.2.2　催化剂合成

催化剂合成包括：

（1）V_2O_5 的合成。将偏钒酸铵（NH_4VO_3）放入坩埚中在马弗炉中焙烧，焙烧条件如下：2℃/min 升温至 500℃并保持 4h，然后自然降温。

（2）VO_2 的合成。按（1）合成出 V_2O_5。将 V_2O_5（0.9g）、无水乙醇（30mL）和水（10mL）的混合物转移到反应釜中，180℃反应 24h。反应结束后，冷却至室温后用水和乙醇各洗涤三次，过滤后于 60℃真空烘干[189]。

（3）V_2O_3 的合成。按（1）合成出 V_2O_5。将 V_2O_5（0.6g）和无水甲醇（38mL）的混合物转移到反应釜中，180℃反应 5h。反应结束后，冷却至室温后用水和乙醇各洗涤 3 次，过滤后于 60℃真空烘干，最后在管式炉内、氩气氛、500℃下煅烧 5h[190]。

（4）富含氧缺陷的 V_2O_5 合成。在管式炉内，将 V_2O_5 放入瓷舟内氢化。氢化条件如下：先通 H_2/Ar（摩尔比为 1∶9）2h，以排空炉子内的空气，以 6℃/min 的升温速率分别升温至 250℃、300℃、350℃并保持 30min，然后自然降温。载体分别被命名为 V_2O_5-250、V_2O_5-300、V_2O_5-350。

（5）Co/VO₂ 的合成。首先，称取 VO₂（18mg）分散于含 2mL 高纯水的两口反应器中，加入 CoCl₂·6H₂O（0.034mmol），在氩保护下搅拌 5h；然后，打开光源，将含有 NaBH₄（0.068mmol）和 NH₃BH₃（1.71mmol）的水溶液（1.5mL）注入两口瓶中，得到催化剂 Co/VO₂。

（6）Co/V₂O₃、Co/V₂O₅、Ni/V₂O₃、Ni/V₂O₅ 和 Ni/VO₂ 的合成。除载体改用 V₂O₃ 和 V₂O₅、金属改为镍外，催化剂的制备过程同（5）。

（7）Co/V₂O₅-250、Co/V₂O₅-300、Co/V₂O₅-350、Ni/V₂O₅-250、Ni/V₂O₅-300、Ni/V₂O₅-350 的合成。除载体改用 V₂O₅-250、V₂O₅-300、V₂O₅-350、金属改为镍外，催化剂的制备过程同（5）。

4.2.3　催化放氢性能测试

在原位合成催化剂的过程中实现原位 NH₃BH₃ 水溶液产氢。可见光照射下或黑暗条件下进行催化反应，使用体积法检测气体量，反应温度为 298K。

4.3　三种 V_xO_y 负载的非贵金属催化剂光催化硼烷氨产氢

4.3.1　催化剂表征

4.3.1.1　PXRD 分析

V₂O₅、VO₂、V₂O₃、Co/V₂O₅、Co/VO₂ 和 Co/V₂O₃ 的 PXRD 测试结果如图 4-2 所示。可以发现，V₂O₃ 在衍射角（2θ）为 24.30°、33.05°、36.25°、41.25°、49.85°、54.0°、63.18°、65.23° 处出现特征峰，分别对应 V₂O₃ 的（012）（104）（110）（113）（024）（116）（214）（300）晶面，说明已经成功合成纯相 V₂O₃。VO₂ 在 2θ 为 14.40°、15.31°、25.25°、29.01°、30.04°、33.74°、44.12°、44.96°、49.35°、53.78° 处出现特征峰，这分别对应 VO₂ 的（001）（200）（110）（002）（$\overline{4}$01）（$\overline{3}$11）（003）、（$\overline{6}$01）（$\overline{1}$13）（601）晶面，说明已经成功合成单斜相的 VO₂。V₂O₅ 在 2θ 为 15.40°、20.30°、21.70°、26.13°、31.09°、32.4°、33.28°、34.29°、47.35°、51.39°、62.05° 处出现特征峰，分别对应 V₂O₅ 的（020）（001）（011）（110）（040）（101）（111）（130）（060）（122）（170）晶面，说明已经成功合成正交晶相的 V₂O₅。当负载金属钴纳米粒子后，三种催化剂中载体的晶相得以保持，并没有发现金属钴的衍射峰。主要原因是在 NaBH₄ 与 NH₃BH₃ 共同存在的环境中，金属快速被还原，使金属纳米粒子处于无定型状态。

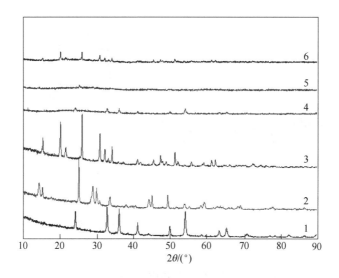

图 4-2　6种催化剂的 PXRD 图

1—V_2O_3；2—VO_2；3—V_2O_5；4—Co/V_2O_3；5—Co/VO_2；6—Co/V_2O_5

4.3.1.2　UV-vis 光谱分析

对可见光响应是材料可以应用于可见光催化反应的前提和保证，UV-vis 光谱可以表征材料的光学特性，用来确定物质对光的吸收能力。V_2O_5、VO_2 和 V_2O_3 的 UV-vis 光谱如图 4-3 所示。由图可知，三种物质在可见光区均有很强的吸收，并且 VO_2 在 500nm 后的可见区间的光吸收强度不断增加。值得注意的是，催化

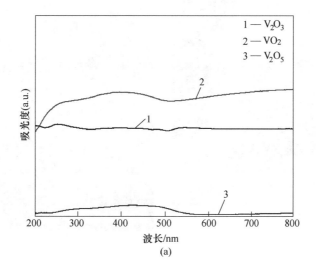

(a)

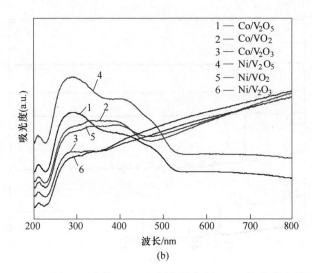

图 4-3　不同 V_xO_y 载体（a）与相应催化剂（b）的紫外光谱图

剂 Co/V_2O_5、Co/VO_2、Co/V_2O_3、Ni/V_2O_5、Ni/VO_2 和 Ni/V_2O_3 的光吸收强度比对应的载体要强，这可能是由金属纳米粒子的带间电子跃迁造成对光的吸收增强效应引起的。

4.3.1.3　TEM 分析

　　TEM 可以表征材料的形貌及结构特点，V_2O_5、VO_2 和 V_2O_3 的 TEM 照片如图 4-4 所示。由图可知，所制备的三种钒的氧化物都很薄。V_2O_5 为二维纳米片，

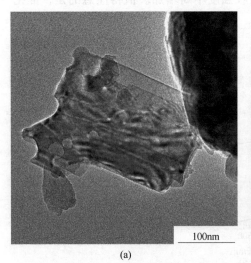

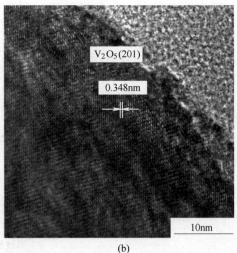

（a）　　　　　　　　　　　　　　　　（b）

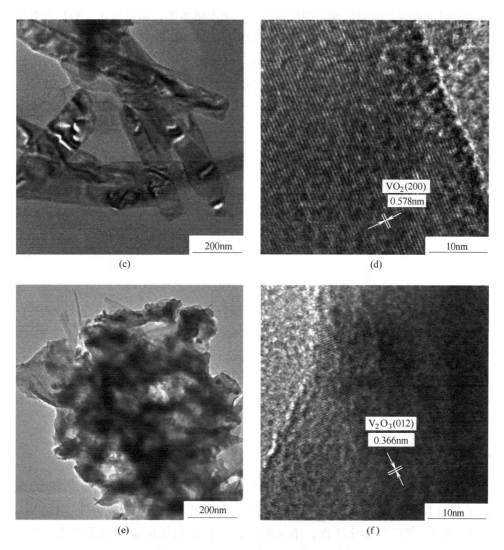

图 4-4　V_2O_5、VO_2 和 V_2O_3 的 TEM 图

(a)（b）V_2O_5；（c）（d）VO_2；（e）（f）V_2O_3

晶格间距为 0.348nm，对应（201）晶面。VO_2 是宽约 100nm 面光滑的纳米带，晶格间距为 0.578nm，对应（200）晶面。V_2O_3 为片层结构，晶格间距为 0.366nm，对应（012）晶面。

4.3.1.4　EIS 分析

EIS 测试可以判断催化剂中的电子在溶液传输过程中的阻力大小。因此，通过 EIS 检测所制备的三种半导体钒氧化物 V_2O_5、VO_2 和 V_2O_3 的电子传输阻力，可为它们负载的金属纳米催化剂产氢活性规律提供参考。结果显示，VO_2 具有最小的 EIS 曲线半径，而 V_2O_5 和 V_2O_3 的 EIS 曲线半径相似（见图4-5）。该结果说明与其他的两种钒氧化物相比，VO_2 中电子传输阻力更小。需要指出的是，不同种类半导体的阻抗大小，不是决定其光催化活性高低的唯一原因。

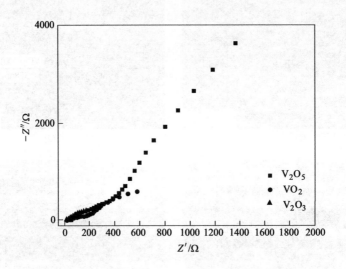

图 4-5 V_2O_5、VO_2 和 V_2O_3 的阻抗曲线图

4.3.2 光催化性能

在可见光照射与暗反应两种条件下，测试了以 V_2O_5、VO_2 和 V_2O_3 为载体的钴基催化剂催化 NH_3BH_3 放氢性能。实验结果显示，Co/V_2O_5、Co/VO_2 及 Co/V_2O_3 都具有催化活性，不加光时，三种催化剂的活性相差不大，TOF 值分别为 38.2min^{-1}、41.7min^{-1} 和 37.9min^{-1}（见图 4-6）。与暗催化相比，在可见光照射下三种催化剂的活性都得到了显著提高，其 TOF 值分别为 67.6min^{-1}、96.7min^{-1} 和 83.2min^{-1}，活性提升幅度分别为 77%、132% 和 119%。其中，Co/VO_2 的活性提升幅度最大，也是三种催化剂中光催化产氢活性最高的，这主要是因为在三种钴基催化剂所使用的载体中，VO_2 具有较强的可见光吸收特性和较小的电子传输阻力，使得更多的光电子参与光催化产氢反应中。

为了确定载体对催化剂性能影响的普适性，将金属镍负载于 V_2O_5、VO_2 与 V_2O_3 上制备了三种催化剂 Ni/V_2O_5、Ni/VO_2 与 Ni/V_2O_3，其催化 NH_3BH_3 产氢

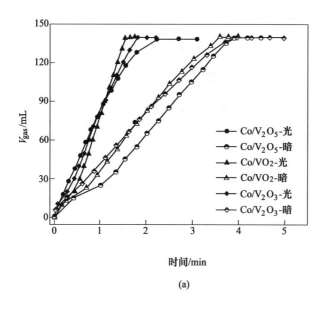

(a)

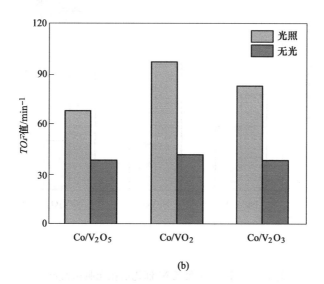

(b)

图 4-6 三种 V_xO_y 负载钴基催化剂在光照和无光
下催化 NH_3BH_3 的放氢曲线（a）和 TOF 值（b）

性能如图 4-7 所示。从图中可以看出，三种镍基催化剂具有与钴基催化剂催化 NH_3BH_3 产氢相似的特点。与相应的暗催化相比，将可见光引入反应体系后，

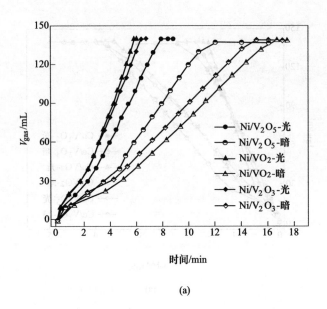

(a)

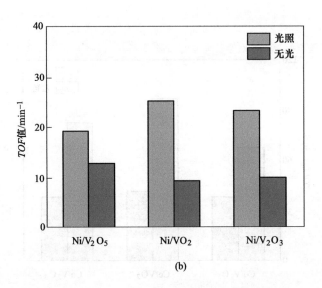

(b)

图 4-7 三种 V_xO_y 负载 Ni 催化剂在光照和无光下
催化 NH_3BH_3 的放氢曲线（a）和 *TOF* 值（b）

催化剂的活性都显著提高，光催化时 Ni/V_2O_5、Ni/VO_2 和 Ni/V_2O_3 的 *TOF* 值分
别为 $19.2min^{-1}$、$25.5min^{-1}$ 和 $23.3min^{-1}$。其中，Ni/VO_2 的活性提升幅度在三种
催化剂中也是最大的。

4.4　表面富含氧缺陷多孔 V_2O_5 负载非贵金属催化剂光催化硼烷氨产氢

4.4.1　催化剂表征

4.4.1.1　H_2-TPR 分析

氢气处理 V_2O_5 的温度用 TPR 来确定，如图 4-8 所示，V_2O_5 与氢气从 500℃ 开始反应，在 672.3℃、701.2℃、799.3℃和 865.2℃ 出现四个峰，归属于 V_2O_5 中三种 V—O 键（每个钒原子与末端氧原子连接、氧原子以桥式连接的方式与两个钒原子连接、氧原子以桥式连接的方式与 3 个钒原子连接）的断裂与层间范德华力的破坏。为此，作者所选取的氢气热处理 V_2O_5 温度分别为 250℃、300℃和 350℃，可以确保 V_2O_5 的晶相保持不变。

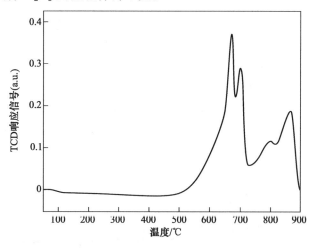

图 4-8　V_2O_5 的 H_2-TPR 图

4.4.1.2　PXRD 分析

原始及氢化处理的 V_2O_5 的物相通过 PXRD 进行了表征，结果如图 4-9 所示，V_2O_5、V_2O_5-250、V_2O_5-300 和 V_2O_5-350 出现相同的特征衍射峰，对应于正交晶系的 V_2O_5 晶相。经氢气热处理的 V_2O_5 并没有出现新的衍射峰，说明低温氢气处理对其晶相没有产生影响。但是，随着氢气处理温度的升高，其峰强逐渐降低，表明低温氢气热处理使 V_2O_5 的结晶性有所下降，这与 V_2O_5 的 H_2-TPR 表征结果是一致的。此外，随着氢气热处理温度的升高，其特征峰的位置是有少许偏移，这证明了氧缺陷的产生[191]。

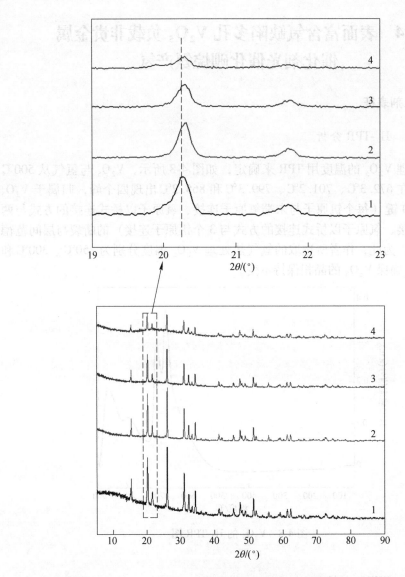

图 4-9 V_2O_5 催化剂的 PXRD 图

1—V_2O_5；2—V_2O_5-250；3—V_2O_5-300；4—V_2O_5-350

将金属钴与镍纳米粒子分别负载于氢气热处理的 V_2O_5 上制备成钴基和镍基催化剂，其 PXRD 如图 4-10 所示。通过与图 4-9 对比可知，催化剂并没有出现新的衍射峰，说明在催化剂制备过程中并没有破坏载体的晶相结构。同时，谱图中也没有出现金属钴或镍的特征峰，说明金属钴或镍以无定型的状态存在。主要原因是在 $NaBH_4$ 与 NH_3BH_3 共同存在的环境中，金属快速被还原。

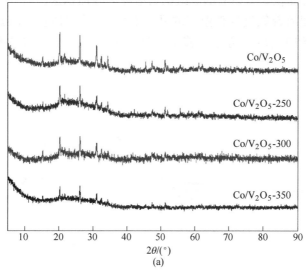

(a)

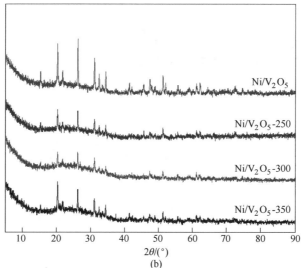

(b)

图 4-10 两种催化剂的 PXRD 图

（a）Co 基催化剂；（b）Ni 基催化剂

4.4.1.3 XPS 分析

通过 XPS 分析，可获取材料中各种元素的化合价及元素含量的信息。将原始 V_2O_5 和氢气低温处理得到 V_2O_5-250、V_2O_5-300 和 V_2O_5-350 进行 XPS 表征，如图 4-11 可知，四种 V_2O_5 材料的 O $1s$ 特征峰被分成 3 个峰，结合能在 529.8eV、531.2eV 和 532.0eV 处分别对应 V—O、氧缺陷和 V—OH[39,41]。随着氢气处理温度的增加，结合能在 531.2eV 的氧缺陷衍射峰的峰面积逐渐增加，表明 V_2O_5 产生氧缺陷的浓度随着氢气处理温度的升高而变大，同时随氢气的处理温度的增加，O 1s 峰逐渐向高结合能方向移动（见图 4-11（a））。由图 4-11（b）可知，

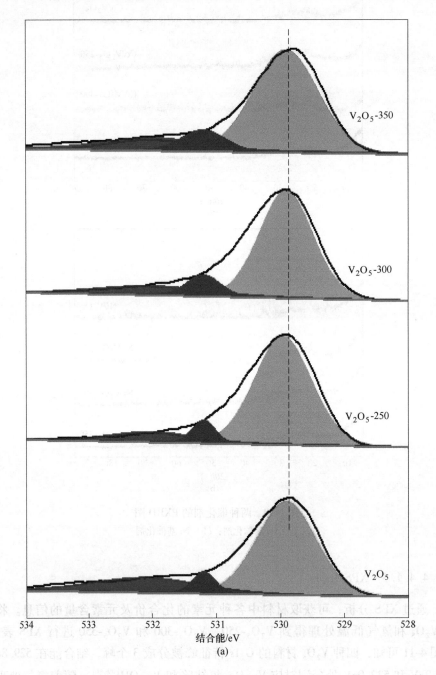

(a)

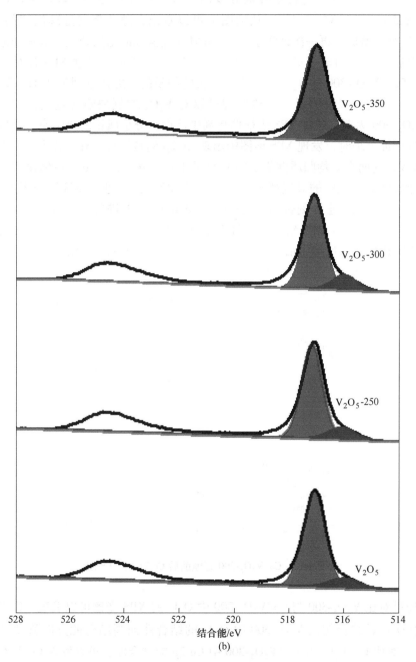

图 4-11 XPS 谱图

(a) O $2p$; (b) V $2p$

四种 V_2O_5 材料的 $V_2\,p_{3/2}$ 特征峰被分成两个峰，峰位置为 517.2eV 与 516.2eV，分别归属于 V^{5+} 与 $V^{4+[192,193]}$。从谱图上可以看出，随着氢气处理温度的增加，V^{4+} 的量有所增加，再一次证实了 V_2O_5 可以通过氢气低温热处理形成氧缺陷，并且可以通过不同的氢气处理温度来调控氧缺陷的含量。通过 XPS 计算，得出 V_2O_5-250、V_2O_5-300 和 V_2O_5-350 中氧与钒的物质的量之比分别为 2.41、2.36 和 2.33，这也进一步说明了氢气热处理可以对 V_2O_5 的氧缺陷含量进行调控。以 Co/V_2O_5-300 为例，通过 XPS 表征催化剂中活性组分金属钴的化学态。当催化剂未经过刻蚀处理时，发现 XPS 谱图中出现 Co 2p 的特征峰，峰位置为 781.1eV 和 797.2eV，这两个峰均归属催化剂中 CoO 的 Co 2p 峰，这是由于在催化剂制备过程中金属钴被空气中的氧气所氧化（见图 4-12）。为了进一步证明作者的想法，氩对催化剂表面进行刻蚀（刻蚀深度 10nm）后再进行 XPS 表征，出现了 778.4eV 和 793.6eV 两个新峰，这两新峰归属于单质钴的 Co 2p 峰，这也说明在催化 NH_3BH_3 放氢反应中活性组分是金属单质，与以前的研究结论一致。

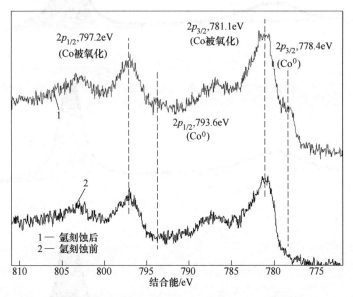

图 4-12　Co/V_2O_5-300 刻蚀前后 Co 2p 的 XPS 图

通过对比 V_2O_5-300 与 Co/V_2O_5-300 中 O 1s 的 XPS 光谱可以发现，Co/V_2O_5-300 中 O 1s 的结合能比 V_2O_5-300 中 O 1s 的结合能向高结合能方向移动（见图 4-13）。对比 Co/V_2O_5 和 Co/V_2O_5-300 中 Co 2p 的结合能，可以发现 Co/V_2O_5-300 中 Co 2p 向低结合能方向移动（见图 4-14）。这些结果表明含有丰富氧缺陷的催化剂 Co/V_2O_5-300 中钴的电子密度有较大提高。另外，钴纳米粒子与 V_2O_5-300 之间强相互作用有利于半导体 V_2O_5 上的光生电子可以有效转移到钴纳米粒子上，

以便高效催化 NH_3BH_3 产氢，这也说明强相互作用促使产生的含碳、钒与氧元素的纳米界面也可以作为催化反应的活性位点。

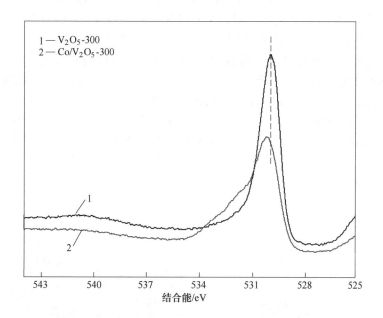

图 4-13　V_2O_5-300 和 Co/V_2O_5-300 中 O 1s 的 XPS 图谱

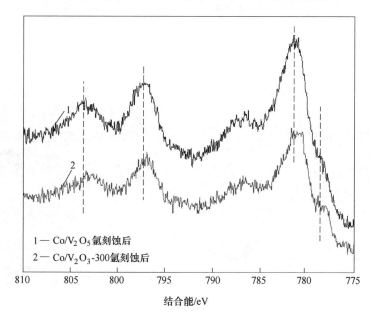

图 4-14　Co/V_2O_5 和 Co/V_2O_5-300 中 Co 2p 的 XPS 图谱

4.4.1.4   TEM 分析

通过 TEM 分析了氢气低温热处理的 V_2O_5 的形貌与表面结构信息。结果显示，与原始 V_2O_5 类似（见图 4-4），V_2O_5-250、V_2O_5-300、V_2O_5-350 均为二维薄层纳米片结构；各种放大倍数的图片清晰表明，与原始 V_2O_5 相比，通过氢气处理得到的三种金属氧化物表面都有明显的孔结构，而且随着氢气处理温度的提高，表面的孔更加发达（见图 4-15~图 4-17），这是由于低温氢气热处理 V_2O_5 时大量氢气进入。对晶格间距进行测量，其值分别为 0.348nm、0.348nm、0.277nm 和 0.277nm，分别对应于正交晶系 V_2O_5 的（201）（201）（011）和（011）晶面。另外，对催化剂 Co/V_2O_5 和 Co/V_2O_5-300 的形貌进行了表征，如图 4-18 所示，金属钴纳米粒子分别负载于 V_2O_5 与 V_2O_5-300 上时，由于金属纳米粒子的无定型，因此很难从载体上清晰地分辨。

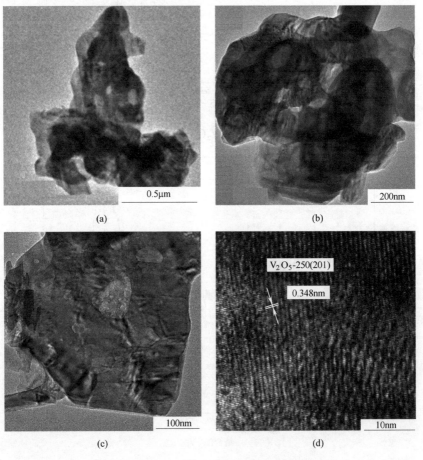

图 4-15 V_2O_5-250 在不同放大倍数下的 TEM 图

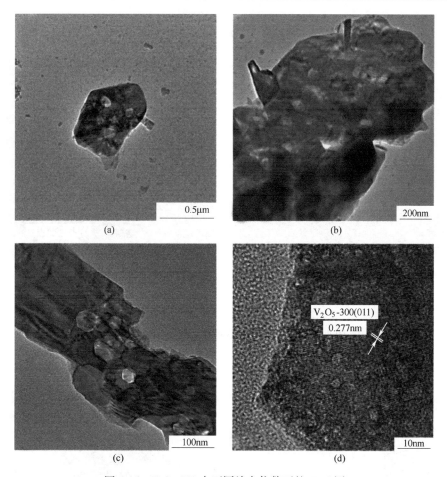

图 4-16 V$_2$O$_5$-300 在不同放大倍数下的 TEM 图

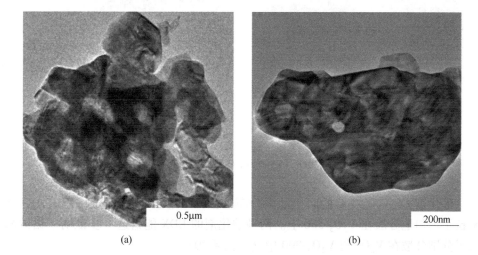

图 4-17 V_2O_5-350 在不同放大倍数下的 TEM 图

图 4-18 Co/V_2O_5（a）和 Co/V_2O_5-300（b）的 TEM 图

催化剂 Co/V_2O_5-300 的面扫元素分布如图 4-19 所示，从图中可以看出钴纳米粒子均匀地分散在 V_2O_5-300 上。两种催化剂的 EDX 能谱进一步证明了钴纳米粒子分别分散在 V_2O_5 与 V_2O_5-300 中（见图 4-20）。

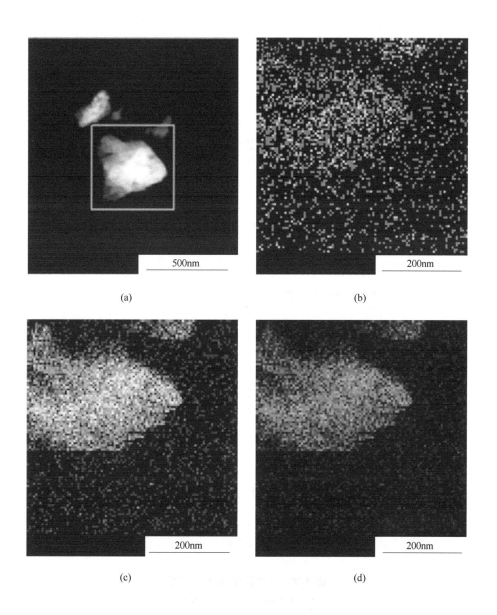

(a)

(b)

(c)

(d)

图 4-19 催化剂 Co/V_2O_5-300 的 HAADF-STEM 图和元素分布图

（a）HAADF-STEM 图；（b）Co；（c）V；（d）O

值得注意的是，V_2O_5-300 与 V_2O_5-350 的高分辨电镜显示，它们的晶格边缘变得模糊（见图 4-21），这表明在氢气热处理过程中 V_2O_5 的表面氧被部分消耗，从而形成表面氧缺陷。

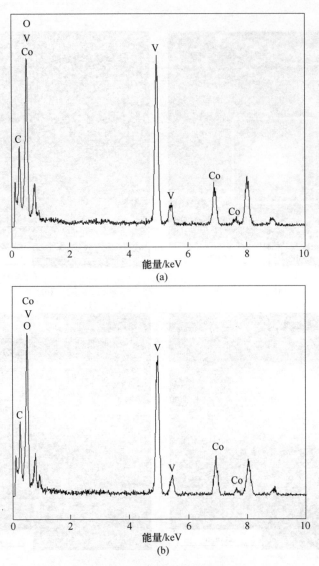

图 4-20　两种催化剂的 EDX 图

（a）Co/V_2O_5；（b）Co/V_2O_5-300

4.4.1.5　N_2 吸附—脱附分析

催化剂的比表面积对其活性有显著的影响，因此，作者表征了 V_2O_5、V_2O_5-300、Co/V_2O_5 和 Co/V_2O_5-300 的比表面积。结果表明，四个样品的 N_2 吸附—脱附曲线是属于 Ⅲ 等温线，比表面积分别为 $2.2m^2/g$、$27.2m^2/g$、$15.1m^2/g$ 和

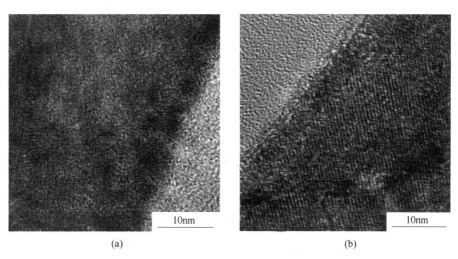

图 4-21　两种催化剂的 HRTEM 图

(a) V_2O_5-300；(b) V_2O_5-350

82.1m^2/g（见图 4-22 和图 4-23）。值得注意的是，V_2O_5-300 的比表面积明显大于 V_2O_5，这可能是由大量气体进入 V_2O_5 的层间与其中的氧作用而形成孔结构所引起的。另外，催化剂的比表面积比相应的载体大，可能的原因是部分钴纳米粒子插入 V_2O_5 的层间，当催化剂与 NH_3BH_3 分子相互接触并发生放氢反应时，层间压力瞬间增大，从而使 V_2O_5 纳米片断裂变小，这与催化剂 Co/V_2O_5 和 Co/V_2O_5-300 的电镜表征一致。

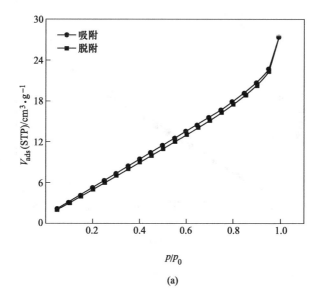

(a)

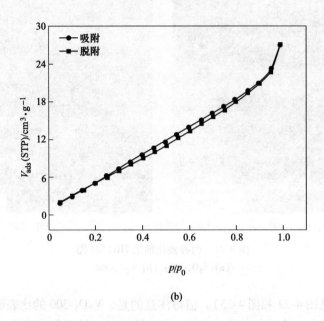

(b)

图 4-22　两种催化剂的 N_2 吸附—脱附曲线图

（a）V_2O_5；（b）V_2O_5-300

由图 4-22 和图 4-23 可知，随着焙烧温度升高，V_2O_5-300 的比表面积显著增大，V_2O_5 为无定形的块状 V_2O_5，焙烧后比表面积明显增大，同时焙烧使得晶型有序化，得到 V_2O_5 的晶型结构。可能使得催化剂的比表面积明显增大。因此，V_2O_5 焙烧后，不仅使得催化剂的结晶度得以完善，同时使得其比表面积增大，有利于催化反应的进行。由此可知，焙烧有利于催化剂的制备，得到更优的 V_2O_5-300 催化剂。

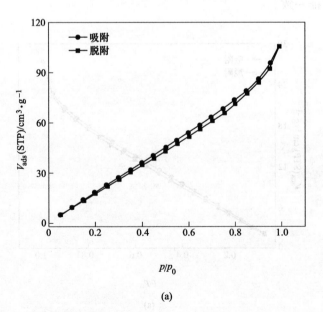

(a)

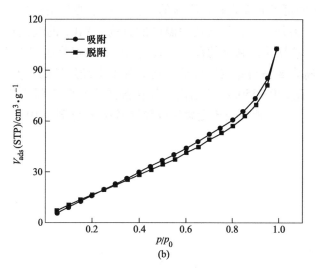

图 4-23　两种钴基催化剂的 N₂ 吸附—脱附曲线图

(a) Co/V₂O₅；(b) Co/V₂O₅-300

4.4.1.6　UV-vis 光谱分析

从 UV-vis 光谱中可以看出，原始的 V₂O₅ 与氢气热处理后的 V₂O₅ 在可见光区都有较强的可见光吸收（见图 4-24），其中氢气热处理的 V₂O₅ 吸收边红移，

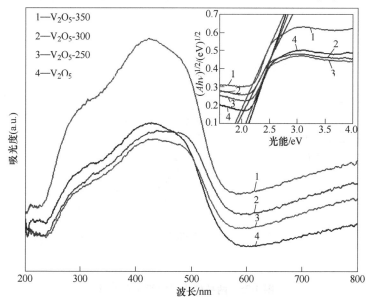

图 4-24　V₂O₅ 和热处理 V₂O₅ 的紫外光谱与带隙计算图

在 550~800nm 的可见光吸收有较明显的增强，这主要是由氢气热处理过程产生的氧缺陷所致。另外，随着氢气处理温度的升高，V_2O_5 的颜色从淡橘黄色逐渐转变为浅褐色，说明了氧缺陷的存在。氧缺陷的产生使物质产生色心，从而使颜色发生改变。将金属钴与镍纳米粒子分别负载于未经处理的 V_2O_5 与氢气热处理的 V_2O_5 上后，在 250~350nm 范围内，催化剂的光吸收都强于相应载体的光吸收（见图 4-25），这可能是由于金属钴或镍纳米粒子与载体中的氧缺陷相互作

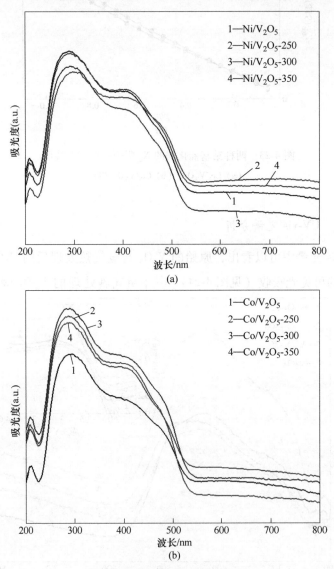

图 4-25　两种催化剂的紫外光谱图

（a）钴基；（b）镍基

用，使载体的晶格发生扭曲。作者计算了 V_2O_5、V_2O_5-250、V_2O_5-300 和 V_2O_5-350 的带隙，分别为 2.13eV、2.06eV、1.92eV 和 1.87eV（见图 4-24）。随着氢气处理温度的增加，载体的带隙逐渐减小，这也说明氢气热处理 V_2O_5 产生了氧缺陷。另外，催化剂中 V_2O_5 的带隙与纯载体也有明显不同（见图 4-26），这表明金属纳米粒子影响了载体 V_2O_5 的结构，这可能是由于在催化剂形成过程中，强的还原性环境使得金属钴进入 V_2O_5 的层间或 V_2O_5 中少量 V^{5+} 被还原。

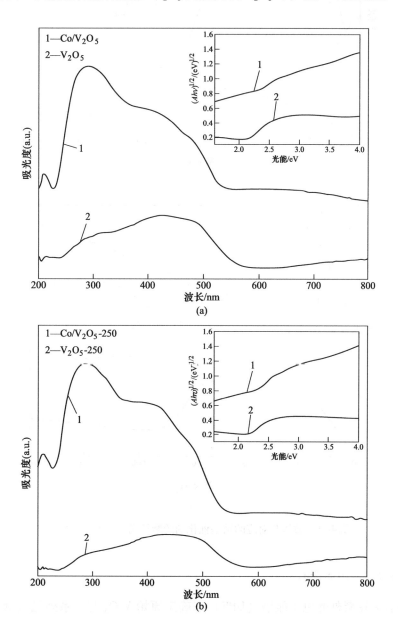

(a)

(b)

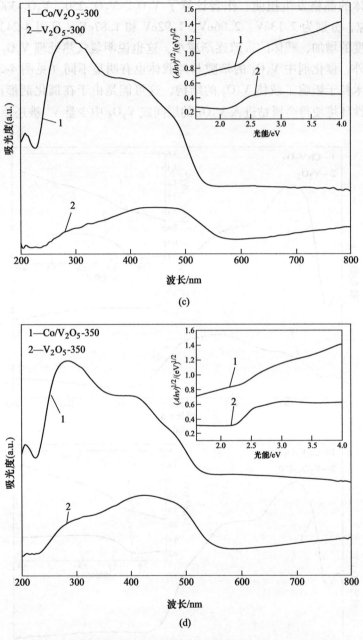

图 4-26　载体与对应的钴基催化剂的紫外光谱与带隙计算图

4.4.1.7　UPS 分析

作者采用紫外光电子能谱（UPS）来确定原始 V_2O_5 与一系列氢气低温热处

理后的 V$_2$O$_5$ 的价带位置。如图 4-27 所示，V$_2$O$_5$、V$_2$O$_5$-250、V$_2$O$_5$-300 和 V$_2$O$_5$-350 的价带分别为 1.76eV、1.56eV、1.51eV 和 1.36eV。基于 UPS 的数据，

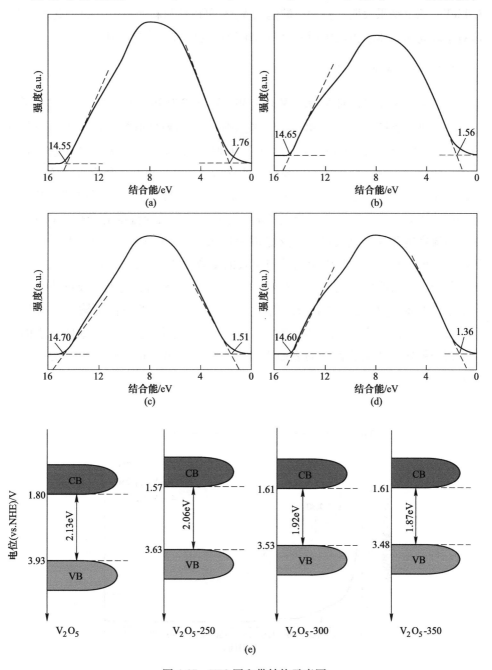

图 4-27　UPS 图和带结构示意图

（a）V$_2$O$_5$；（b）V$_2$O$_5$-250；（c）V$_2$O$_5$-300；（d）V$_2$O$_5$-350；（e）对应的带结构示意图

V_2O_5、V_2O_5-250、V_2O_5-300 和 V_2O_5-350 的功函分别为 6.67eV、6.57eV、6.52eV 和 6.62eV，价带相对标准氢电势的位置分别为 3.93eV、3.63eV、3.53eV 和 3.48eV。以上结果表明，富含氧缺陷的 V_2O_5 可以使材料产生较强的光吸收能力，这对于以此为载体制备催化剂来提高 NH_3BH_3 的放氢性能是有利的。

4.4.1.8　电化学分析

以可见光为光源，对 V_2O_5、V_2O_5-250、V_2O_5-300 和 V_2O_5-350 光生载流子的分离效率进行表征。如图 4-28 所示，在光照时，四种材料都会产生光电流，其中 V_2O_5-300 具有最大的光电流，说明这四种材料都是可见光响应的，这与紫外光谱分析结果一致。随着氢气处理温度的升高，光电流密度不断变大，这也进一步说明了通过氢气热处理可以产生氧缺陷，不同的处理温度影响氧缺陷的数量，进而影响了光生电子和空穴的分离效率。此外，随着反应温度的升高，V_2O_5-350 的光电流密度并没有继续提高，这是因为用 350℃ 的氢气处理 V_2O_5 时，产生的氧缺陷浓度过高，导致其成为电子与空穴的复合中心，反而不利于载流子分离，所以其光电流密度反而减小。另外对 V_2O_5 与 V_2O_5-300 样品进行了 EIS 表征。结果显示，原始 V_2O_5 比富含氧缺陷的 V_2O_5-300 具有更大的电荷传输阻力（见图 4-29），这表明氧缺陷确实可以影响 V_2O_5-300 的导电性。实际上，缺陷位点的表面电荷与催化剂其他位置处的表面电荷是不同的，这直接影响了它们的电化学性能。

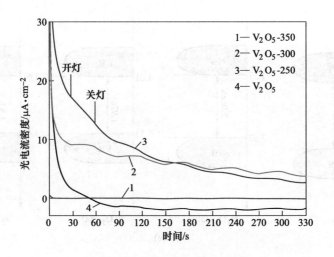

图 4-28　四种不同 V_2O_5 的光电流测试曲线图

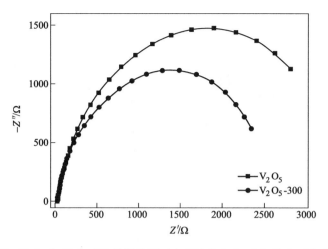

图 4-29　V_2O_5 与 V_2O_5-300 的阻抗图（电解液为 0.2mol/L 的 Na_2SO_4 溶液）

4.4.1.9　氧缺陷分布

在 V_2O_5 分子中，按照钒与氧的结合方式可以将氧原子分为三种形式：钒原子与一个氧相连形成端氧，两个钒原子与一个氧原子相连形成桥氧，三个钒原子与一个氧原子相连形成另一种桥氧。为了确定氢气热处理后 V_2O_5 中哪种氧缺陷更容易产生，作者使用 Materials Studio 计算了富含氧缺陷的 V_2O_5 的总能量与三种氧缺陷状态下的能量。需要指出的是，在众多晶面中，V_2O_5 的（001）面最稳定，所以作者利用该晶面建立了三种 V_2O_5 模型，每一种模型中除去一种氧从而形成氧空位（见图 4-30）。优化后的系统结构都能稳定存在，且所有氧空位模型均能够收敛。计算结果还显示，当形成端氧空位时能量最低（见图 4-31），这表明表面的氧缺陷理论上主要是来自氢气与端氧反应。但是，三种模型的能量相差不大，除了主要的端氧缺陷外，实际上可能还存在其他形式的氧缺陷。

4.4.2　光催化性能及机理

为了考察可见光对富含氧缺陷的 V_2O_5 纳米片形成的负载型催化剂活性的影响，作者对四种催化剂 Co/V_2O_5、Co/V_2O_5-250、Co/V_2O_5-300 和 Co/V_2O_5-350 在可见光与不加光条件下催化 NH_3BH_3 的产氢性能进行了系统考察。结果表明，不加光时，四种催化剂的活性差别很小，TOF 值在 35.5~37.8min^{-1} 之间；可见光照射下，四种催化剂的活性都有了较大提高（见图 4-32），其中 Co/V_2O_5-300 具有最高的放氢活性，TOF 值为 120.4min^{-1}，这是目前报道的非贵金属催化剂活性的最高值（见表 4-1）。另外，与暗反应相比，四个催化剂 Co/V_2O_5、Co/V_2O_5-250、Co/V_2O_5-300 和 Co/V_2O_5-350 光催化活性提高幅度分别为 0.77 倍、1.67 倍、

图 4-30　四种超晶胞模型

（a）原始 V_2O_5；（b）端氧缺陷的 V_2O_5；（c）双桥氧缺陷的 V_2O_5；（d）桥氧缺陷的 V_2O_5

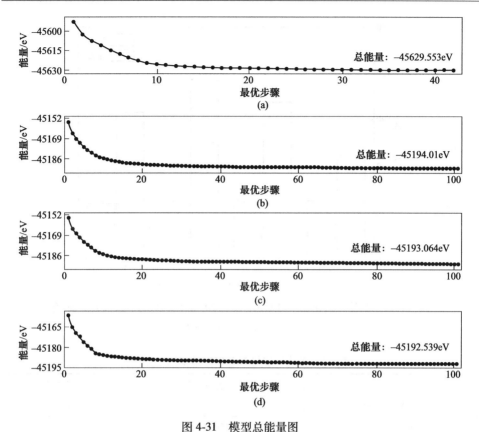

图 4-31 模型总能量图

（a）原始 V_2O_5；（b）端氧缺陷的 V_2O_5；（c）双桥氧缺陷的 V_2O_5；（d）桥氧缺陷的 V_2O_5

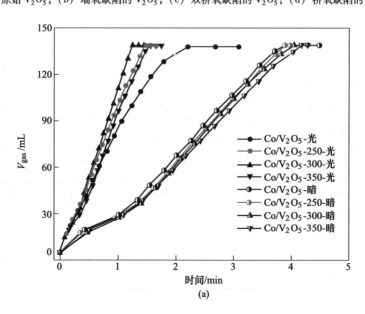

（a）

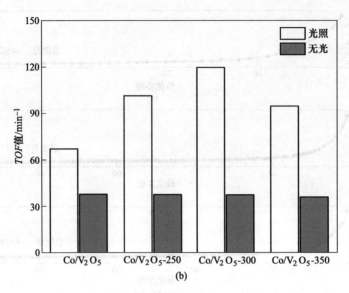

图 4-32　钴基催化剂在光照和无光下催化 NH_3BH_3 的放氢曲线图和 TOF 值

（a）放氢曲线图；（b）TOF 值

表 4-1　催化剂催化 NH_3BH_3 放氢活性比较

催化剂	TOF 值/min^{-1}	参考文献
Co/V_2O_5-250	102.2	本书
Co/V_2O_5-300	120.4	本书
Co/V_2O_5-350	95.3	本书
Ru@ HAP	137	[36]
Rh@ PAB	130	[59]
PtRu	59.6	[194]
AuNi@ MIL-101	66.2	[21]
AuCo/NCX-1	42.1	[39]
PdCo/C	35.7	[47]
CuCo@ MIL-101	19.6	[38]
NiMo/石墨烯	66.7	[195]
$Cu_{0.8}Co_{0.2}$O-GO	70.0	[57]
CuNi/CMK-1	54.8	[173]
Co/g-C_3N_4	55.6	[90]
CoP	72.2	[196]
Ni@ MSC-30	30.7	[29]

2.21 倍和 1.64 倍。随着氢气处理温度的升高，催化剂光催化产氢活性也逐渐升高，但并没有一直增加，而是呈火山形状态，特别是 Co/V₂O₅-350 的催化性能反而降低，这是因为在氢气处理 V₂O₅ 载体的过程中，形成的氧缺陷浓度过大，导致其成为光生载流子的复合中心，不利于光生电子向金属钴上转移。这也说明 300℃ 是最合适的氢气处理温度，这与之前载体的表征结果是一致的。另外，单一 V₂O₅ 并没有催化 NH₃BH₃ 的产氢活性（见图 4-33），这说明该体系中催化活性物质是钴和镍。

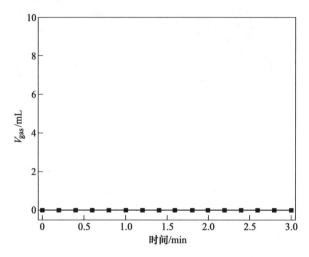

图 4-33   V₂O₅ 可见光催化 NH₃BH₃ 的放氢曲线图

载体的普适性对负载型催化剂的使用十分重要。为了确认氢气低温热处理形成的富含氧缺陷 V₂O₅ 纳米片在光催化中是有利于光生电子与空穴的分离的普适性，作者以上述载体分别负载金属镍纳米粒子为催化剂，考察了它们的催化 NH₃BH₃ 产氢性能。如图 4-34 所示，Ni/V₂O₅、Ni/V₂O₅-250、Ni/V₂O₅-300 和 Ni/V₂O₅-350 催化 NH₃BH₃ 的性能呈现相似趋势：在不加光的条件下，四种催化剂的活性差别较小，TOF 值在 $10.9 \sim 13.7 min^{-1}$ 之间；在加光的条件下，随着载体氢气处理温度的升高，Ni/V₂O₅、Ni/V₂O₅-250 和 Ni/V₂O₅-300 的活性逐渐提高，其 TOF 值分别为 $19 min^{-1}$、$26 min^{-1}$ 和 $30 min^{-1}$，而 Ni/V₂O₅-350 的催化活性反而降低，其 TOF 值为 $23.8 min^{-1}$，说明以 V₂O₅-300 为载体制得的催化剂 Ni/V₂O₅-300 仍具有最优的产氢性能，这也再一次证明了用 300℃ 氢气处理 V₂O₅ 产生的氧缺陷浓度有利于光生电子与光生空穴分离，且对光催化 NH₃BH₃ 产氢是最合适的。

在催化 NH₃BH₃ 水解反应中，水分子参与了产氢（$NH_3BH_3 + H_2O \rightarrow NH_4BO_2 + H_2$），但如何从实验上证实该论断，人们研究得很少。作者采用动力学同位素效应（KIE）来确定水分子是否参与反应。因为元素与其同位素的电子构型相同，

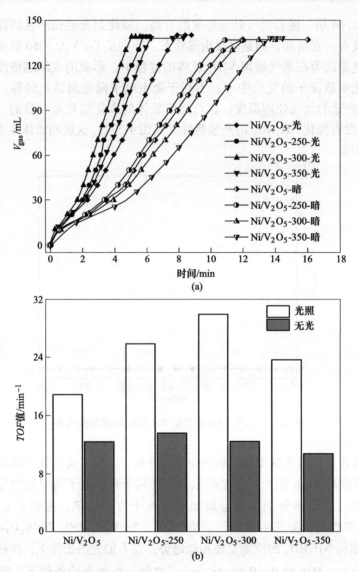

图 4-34　镍基催化剂在光照和无光下催化 NH_3BH_3 的放氢曲线（a）和 TOF 值（b）

所以化学性质是相似的。由于同位素具有不同的质量，尽管能发生相同的化学反应，但反应的平衡常数与反应速率是不同的。基于此，在 NH_3BH_3 水解产氢体系中，作者以 D_2O 代替 H_2O 来确定水是否参加反应。如图 4-35 和图 4-36 所示，四种催化剂 Co/V_2O_5、Co/V_2O_5-250、Co/V_2O_5-300 和 Co/V_2O_5-350 在光催化 NH_3BH_3 重水水解下表现出与 NH_3BH_3 水解时不同的反应速率，其 KIE 值分别为 2.4、3.7、3.5 和 3.6。四种催化剂的 KIE 值在 2~7 范围内，可以确定水分子的确参与了产氢反应，而且对反应速率有很大影响。

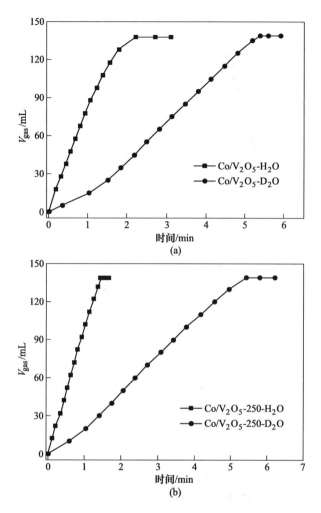

图 4-35　Co/V$_2$O$_5$（a）和 Co/V$_2$O$_5$-250（b）可见光催化 NH$_3$BH$_3$
水解和重水水解放氢曲线图

　　在光催化过程中，半导体在光照时所产生的光生电子与空穴的分离和迁移对
其光学活性有很大影响。为了探讨具有孔结构与富含氧缺陷的 V$_2$O$_5$ 负载金属纳
米粒子催化 NH$_3$BH$_3$ 水解产氢的机理，作者选取捕获试剂对催化剂 Co/V$_2$O$_5$、
Co/V$_2$O$_5$-250、Co/V$_2$O$_5$-300 和 Co/V$_2$O$_5$-350 产生的光生电子与空穴进行捕获，从
而确定在光催化产氢反应过程中光生载流子所起的作用。选取 K$_2$Cr$_2$O$_7$
（100μmol/L）与 KI（100μmol/L）分别为光生电子与空穴捕获试剂，四种催化剂
在捕获剂存在下的光催化产氢性能如图 4-37 和图 4-38 所示。从图中可以发现，
在反应体系引入捕获试剂后，催化剂光催化 NH$_3$BH$_3$ 的活性显著下降，这表明光

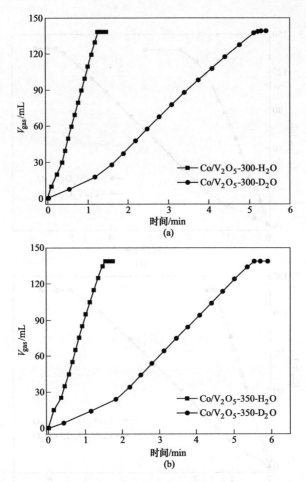

图 4-36 Co/V₂O₅-300（a）和 Co/V₂O₅-350（b）可见光催化
NH₃BH₃ 水解和重水水解放氢曲线图

生电子和空穴在催化 NH_3BH_3 水解产氢反应中具有促进作用。此外，捕获实验还发现 Co/V_2O_5、Co/V_2O_5-250 和 Co/V_2O_5-300 在光催化 NH_3BH_3 水解产氢过程中受电子的影响较大，Co/V_2O_5-350 在光催化 NH_3BH_3 水解过程中受羟基自由基的影响较大，这可能是由于 Co/V_2O_5-350 中氧缺陷的浓度过高。在光催化反应中，由于半导体在光照条件下产生的光生空穴具有很强的氧化性，可将水分子或者体系中的氢氧根离子氧化成羟基自由基，对反应产生正向影响。基于此，作者以异丙醇为捕获试剂来考察羟基自由基对 Co/V_2O_5、Co/V_2O_5-250、Co/V_2O_5-300 和 Co/V_2O_5-350 光催化 NH_3BH_3 水解产氢的影响。结果表明，随着异丙醇（100μL）的加入，四种催化剂的活性都显著降低，这说明羟基自由基对催化产氢有正向促进作用。

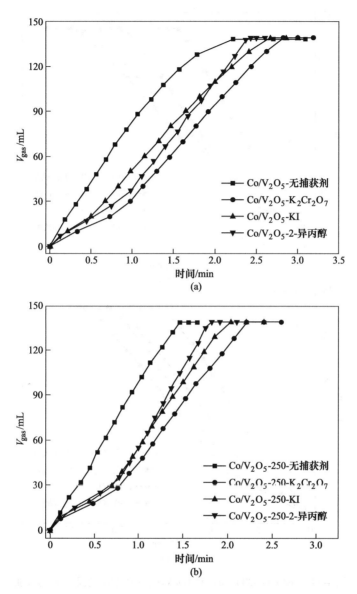

图 4-37　Co/V₂O₅（a）和 Co/V₂O₅-250（b）在未添加与添加
捕获试剂下可见光催化 NH₃BH₃ 放氢曲线图

　　基于上述的捕获实验，作者推测 NH₃BH₃ 的水解产氢机理可分成四步进行（见图 4-39）。首先，多孔富含氧缺陷的 V₂O₅ 在吸收太阳光后，产生光生电子和空穴，光生电子和空穴向催化剂的表面迁移，由于氧缺陷的产生，使 V₂O₅ 的导带下面形成了一个缺陷能级，与未经氢气热处理的原始 V₂O₅ 相比，使催化

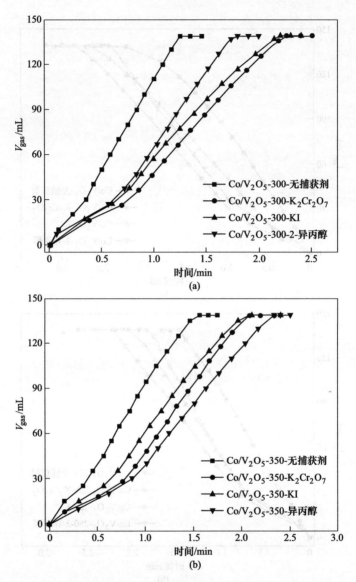

图 4-38   Co/V_2O_5-300（a）和 Co/V_2O_5-350（b）在未添加与添加
捕获试剂下可见光催化 NH_3BH_3 放氢曲线图

剂在光照时产生的光生电子和空穴的分离效率得到了很大的提高；然后，光生空穴将水分子氧化产生羟基自由基；最后，迁移到半导体表面的两类物种，即电子和羟基自由基，进攻吸附在催化剂表面的 NH_3BH_3 分子中的 B—H 和 B—N 键，使其断裂，产生氢气。

　　本章从调控光活性载体组分与带间结构出发，制备三种 V/O 比的金属氧化

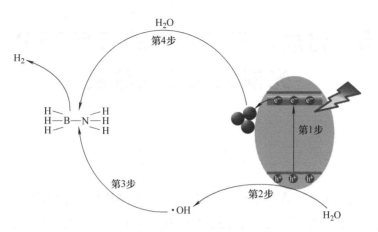

图 4-39　富含氧缺陷的 V$_2$O$_5$ 负载非贵金属纳米粒子光催化 NH$_3$BH$_3$ 水解产氢机理图

物 V$_2$O$_5$、VO$_2$ 和 V$_2$O$_3$，并用氢气低温热处理 V$_2$O$_5$，得到了一系列多孔并富含氧缺陷的 V$_2$O$_5$。然后以所制备的 V$_x$O$_y$ 载体负载钴或镍纳米粒子，形成了可见光相应的催化剂，探讨了它们催化 NH$_3$BH$_3$ 水解产氢性能与机理，具体结论如下：

（1）载体中钒与氧的比例对金属催化剂催化 NH$_3$BH$_3$ 水解放氢性能影响很大，其中 VO$_2$ 为载体制备的钴与镍催化剂活性最高。

（2）通过氢气低温热处理，可以得到具有孔结构并且富含氧缺陷的 V$_2$O$_5$ 纳米片。不同的氢气处理温度对 V$_2$O$_5$ 中氧缺陷的浓度产生很大影响，随着氢气处理温度的升高，氧缺陷的含量随之增加，并且使 V$_2$O$_5$ 的可见光吸收边红移，带隙变窄。

（3）氢气低温热处理 V$_2$O$_5$ 过程中，由于大量氢气进入 V$_2$O$_5$ 的层间，与其组分中的氧相互作用，导致 V$_2$O$_5$ 表面产生大量的孔结构，这增加了可见光的利用率，对光催化是有利的。

（4）所有催化剂的光催化产氢活性都优于其暗催化活性，其中 Co/V$_2$O$_5$-300 具有最高活性。随着氢气处理载体温度的升高，相应催化剂的催化活性也随之提高。但是，当处理温度达到 350℃时，相应催化剂的催化性能反而下降。这说明 V$_2$O$_5$ 中氧缺陷的浓度对催化剂的性能有显著的影响。对于光催化反应而言，并不是催化剂的氧缺陷浓度越高，其性能越优异。

（5）氢气热处理 V$_2$O$_5$ 后得到的多孔富含缺陷 V$_2$O$_5$ 载体在调控并提高非贵金属光催化 NH$_3$BH$_3$ 产氢效率方面具有普适性。

（6）通过电子、空穴和羟基自由基捕获实验，提出了多孔富含缺陷的 V$_2$O$_5$ 为载体的金属纳米催化剂光催化 NH$_3$BH$_3$ 水解产氢的反应机理。

5 组成与形貌可调的系列 Ni$_x$P$_y$ 光催化硼烷氨放氢

5.1 引　言

在可见光照射下，含有半导体的催化剂在催化 NH$_3$BH$_3$ 水解放氢过程中所产生的活性中间体（电子、空穴及羟基自由基）对催化剂性能的提高具有促进作用。调控催化剂的反应路径，促进活性中间体的形成，不仅可以提高其催化 NH$_3$BH$_3$ 放氢性能，对研究光催化 NH$_3$BH$_3$ 水解机理也有很大帮助。从应用角度出发，开发含有非贵金属的半导体催化剂，使其具有 NH$_3$BH$_3$ 水解放氢活性，那么在光催化下的催化反应速效率会大幅提高。另外，半导体的形貌和尺寸影响其光生载流子的传输路径，进而影响其光催化性能[146]。近年来，人们相继报道了镍与非金属磷组成的金属磷化物以助剂的形式用于光解水和电化学反应[76,197~201]。由于金属磷化物的带隙相对较小，不能达到分解水的氧化还原电势[202]，因此很少有直接以金属磷化物为光催化剂、不加其他活性组分及牺牲试剂的情况下分解水。与水分子不同的是，NH$_3$BH$_3$ 分子的键能相对较小（B—N 约 117kJ/mol，B—H 约 430kJ/mol）。较小的键能使断裂 NH$_3$BH$_3$ 分子的化学键所需要的能量小于断裂水分子中化学键所需的能量[203,204]。

基于以上考虑，本章 5.3 节作者选取具有不同结构的 Ni$_2$P、Ni$_{12}$P$_5$ 和 Ni$_3$P 为单一光催化剂催化 NH$_3$BH$_3$ 放氢反应。当可见光照射到这三种磷化物时，在其表面会产生光生电子与空穴。通过调整反应体系的 pH 值使溶液呈碱性，利用扩散到半导体表面的空穴将氢氧根氧化为羟基自由基，由于光生空穴被氢氧根消耗，这就大大加速了电子与空穴分离效率，同时促使 NH$_3$BH$_3$ 分子中化学键断裂。另外，在光催化 NH$_3$BH$_3$ 水解产氢体系中，很少有研究活性组分的形貌与电子传输路径之间关联的报道。Ni$_2$P 具有良好的光学活性，同时可以作为单一组分催化 NH$_3$BH$_3$ 放氢，这就使其成为研究形貌与电子传输路径关系的模型催化剂（见图 5-1）。基于此，本章 5.5 节通过合成条件的调变，制备了具有小尺寸纳米粒子状与纳米花状的 Ni$_2$P，并考察了形貌对其光催化 NH$_3$BH$_3$ 产氢性能的影响。

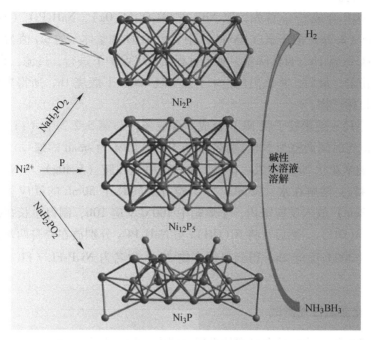

图 5-1　半导体金属磷化物在可见光照射下催化 NH_3BH_3 放氢示意图

5.2　催化剂合成与催化放氢性能测试

5.2.1　试剂与仪器

本章研究内容使用的主要试剂和仪器与第 2~4 章相同。

5.2.2　催化剂合成

催化剂合成包括：

（1）Ni_2P 合成[53]。首先，取 $NiCl_2 \cdot 6H_2O$（1.00g）、$Na_3C_6H_5O_7 \cdot 2H_2O$（0.25g）和 NaOH（2.80g）溶于水（45mL）中，搅拌 1h，得到绿色胶体。然后，将所得胶体经水洗、醇洗后离心，于 60℃ 烘干，得到绿色粉末。最后，将该粉末（0.25g）和 NaH_2PO_2（1.25g）研磨均匀后，氩气氛下管式炉中反应 300℃ 保持 2h，得到目标产物。

（2）$Ni_{12}P_5$ 合成[205]。首先，取 $Ni(CH_3COO)_2 \cdot 4H_2O$（0.95g）和红磷（0.70g）分散于水（30mL）中，搅拌 20min 后转移到不锈钢反应釜中。然后，将反应釜置于烘箱于 200℃ 恒温 12h，自然降温后经水洗醇洗后于 60℃ 烘干 8h，得到目标产物。

（3）Ni_3P 合成[76]。首先，取 $NiCl_2 \cdot 6H_2O$（5.0g）、NaH_2PO_2（24.4g）和 CH_3COONa（2.9g）溶于水（100mL）中，用 KOH 调整体系的 pH 值为8。然后，升温至90℃恒温1h，自然降温，整个过程在氩气保护下进行，过滤，自然风干，得到黑色粉末。最后，将该黑色粉末于氩气氛400℃下煅烧1h，所得黑色产品洗净，得到目标产物。

（4）小尺寸纳米粒子状 Ni_2P 合成。合成条件与第5.2.2中（1）Ni_2P 合成相同，把搅拌时间调整为10h，命名为 Ni_2P-SM（SM 为 small 的缩写）。

（5）纳米花状 Ni_2P 合成。首先，将六亚甲基四胺（1.40g）与 $Ni(NO_3)_2 \cdot 6H_2O$（1.45g）溶解在水（35mL）中，搅拌后转移至50mL 的反应釜中，将碳布（2cm×3cm）放入反应釜内，于烘箱中100℃反应10h，制得生长在碳布上的浅绿色的 $Ni(OH)_2$。然后，将 $Ni(OH)_2$ 与 NaH_2PO_2 分别放在瓷舟两端，于管式炉内氩气氛300℃反应2h，得到目标产物[206]，命名为 Ni_2P-FL（FL 为 flower 的缩写）。

5.2.3　催化放氢性能测试

将上述催化剂放在具有光窗的光反应器中，加入含有不同浓度的 NaOH 溶液保持反应总体系体积3mL，NH_3BH_3 为1.71mmol，催化剂与反应底物（Ni_xP_y/NH_3BH_3）的物质的量之比为0.03。打开光源，开始催化反应，使用排水体积法检测产生的气体量，用冷却水循环系统保持反应温度为25℃。暗催化反应步骤与光催化反应相同，只是不打开光源。

5.3　三种 Ni_xP_y 光催化硼烷氨放氢

5.3.1　催化剂表征

5.3.1.1　PXRD 分析

从所合成磷化镍的 PXRD 图可以看出，新制 Ni_2P 的特征峰位在40.68°、44.58°、47.45°和54.2°；新制 $Ni_{12}P_5$ 的特征峰位在38.39°、41.68°、44.52°、47.01°和48.89°；新制 Ni_3P 的特征峰位在36.52°、41.68°、42.84°、45.3°和46.6°（见图5-2和图5-3）。这些位置均与对应 Ni_xP_y 的标准 PDF 卡片上的峰位一致，表明已成功合成出纯相的磷化物。另外，三种磷化物在催化反应后，其出峰位置与新制样品的出峰位置一样，说明三种磷化物反应前后的晶相不变，在碱性条件下能够稳定存在。

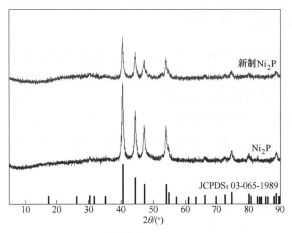

图 5-2 新制与催化后 Ni_2P 的 PXRD 图

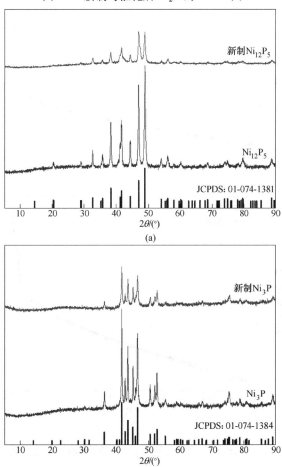

图 5-3 新制与催化后 $Ni_{12}P_5$（a）和 Ni_3P（b）的 PXRD 图

5.3.1.2　N$_2$ 吸附—脱附分析

催化剂的比表面积大小对其活性位点的暴露具有较大意义。在该催化体系中，金属磷化物作为单一组分催化 NH$_3$BH$_3$ 放氢反应，无载体，所以活性组分 Ni$_2$P、Ni$_{12}$P$_5$ 和 Ni$_3$P 的比表面积直接影响其催化活性。三种金属磷化物 Ni$_2$P、Ni$_{12}$P$_5$ 和 Ni$_3$P 的吸附—脱附等温曲线如图 5-4 和图 5-5 所示，由图可知，三种磷化镍的吸附类型为Ⅲ型，其比表面积值分别为 33.2m^2/g、11.8m^2/g 和 20.9m^2/g。

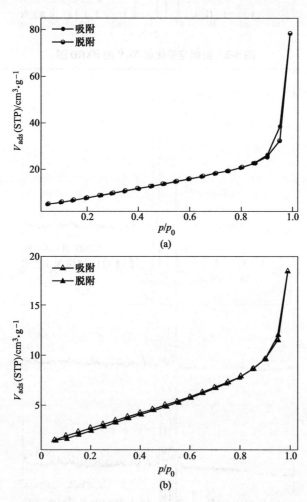

图 5-4　Ni$_2$P（a）和 Ni$_{12}$P$_5$（b）的 N$_2$ 吸附—脱附曲线图

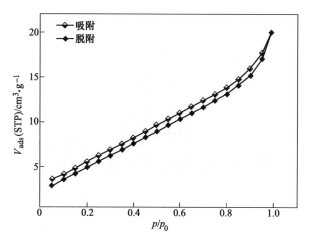

图 5-5 Ni$_3$P 的 N$_2$ 吸附—脱附曲线图

5.3.1.3 TEM 分析

三种磷化物的 TEM 如图 5-6 和图 5-7 所示，Ni$_2$P 为粒子状、尺寸较小、互相粘连在一起；Ni$_{12}$P$_5$ 形状不规则；Ni$_3$P 也为粒子状，但尺寸较大。从高分辨电镜中可以看出，Ni$_2$P 的晶格间距为 0.221nm，对应其（111）晶面；Ni$_{12}$P$_5$ 的晶格间距为 0.193nm，对应其（240）晶面；Ni$_3$P 的晶格间距为 0.180nm，对应其（222）晶面。

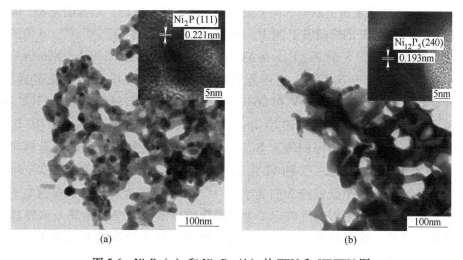

图 5-6 Ni$_2$P（a）和 Ni$_{12}$P$_5$（b）的 TEM 和 HRTEM 图

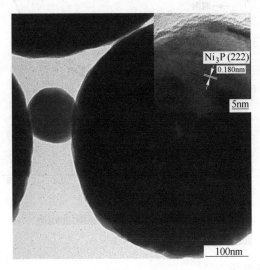

图 5-7　Ni_3P 的 TEM 和 HETEM 图

5.3.1.4　XPS 分析

Ni_2P、$Ni_{12}P_5$ 和 Ni_3P 的 XPS 表征结果如图 5-8 所示，三种磷化物的 $Ni\ 2p_{3/2}$ 峰可以分成三个峰，峰位在 853.0eV、852.7eV 和 852.4eV，与金属单质镍（852.2eV）的峰位接近，说明 Ni_2P、$Ni_{12}P_5$ 和 Ni_3P 中镍元素的电子结合能发生了偏移，这是由于金属上的电子向非金属元素磷转移导致的。结合能为 853.0eV、852.7eV 和 852.4eV 的峰归属于 Ni_2P、$Ni_{12}P_5$ 和 Ni_3P 中的 $Ni^{\delta+[53,207,208]}$，δ 值的大小顺序为 $\delta(Ni_2P) > \delta(Ni_{12}P_5) > \delta(Ni_3P)$。结合能为 855.9eV、856.0eV 和 855.9eV 的峰归属于 $Ni^{2+[209]}$，这可能是样品在制备过程中表面氧化造成的。另外，在 861.3eV、860.9eV 和 860.5eV 处较宽的峰归属于 Ni_2P 的卫星峰。与 $Ni\ 2p_{3/2}$ 相似，三种磷化物的 $Ni\ 2p_{1/2}$ 峰也分成三个峰，结合能为 870.2eV、870.1eV 和 870.0eV 的峰归属于 $Ni^{\delta+}$，说明电子从金属镍转移到非金属元素磷上。如图 5-9 所示，三种磷化物的 $P\ 2p_{3/2}$ 中，结合能为 128.9eV、129.1eV 和 129.3eV 处的峰为归属于 $P^{\delta-[210]}$，说明非金属元素磷得到电子而使结合能减小，这也再一次确定了金属磷化物中的电子是从金属元素转移到非金属元素磷，这样的电子转移会造成磷化物内电子分布的不均衡状态，有利于其高效催化 NH_3BH_3 产氢。

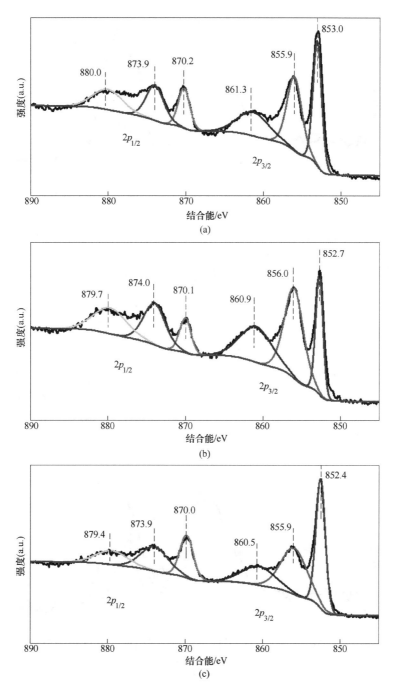

图 5-8　三种磷化物的 Ni 2p 的 XPS 谱图

（a）Ni$_2$P；（b）Ni$_{12}$P$_5$；（c）Ni$_3$P

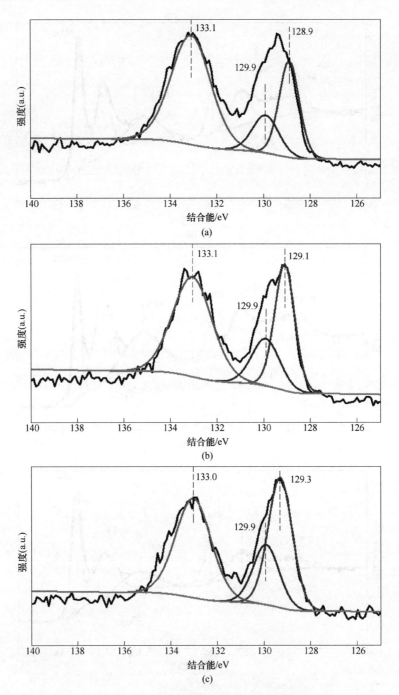

图 5-9   三种磷化物的 P 2p 的 XPS 谱图

（a）Ni$_2$P；（b）Ni$_{12}$P$_5$；（c）Ni$_3$P

5.3.1.5 UV-vis 光谱分析

Ni_2P、$Ni_{12}P_5$ 和 Ni_3P 的紫外光谱如图 5-10 所示，三种磷化物在可见光区均具有强的光吸收。在可见光波长范围内，它们具有相对较陡的吸收边，这是由半导体中的电子从价带向导带跃迁引起的，这也说明所合成的三种磷化物是具有半导体特性的，而较好的可见光响应是催化剂拥有良好光催化性能的前提。

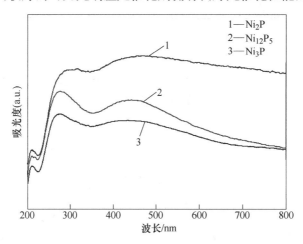

图 5-10 三种金属磷化物的紫外光谱图

5.3.1.6 电化学分析

半导体材料的光电流密度体现了在光作用下，它们的光生电子与空穴分离效率。为了进一步确认所合成金属磷化物 Ni_2P、$Ni_{12}P_5$ 和 Ni_3P 的光生电子与空穴的分离效率，作者以可见光（$\lambda > 420nm$）为光源，对三种金属磷化物进行了光电流测试。结果显示，光照射到三种金属磷化物时，它们的光电流密度都显著增大，停止光照时它们的电流密度都明显降低（见图 5-11（a）），这说明这三种金属磷化物是可见光响应的，这与紫外光谱的表征结果一致。三种磷化物的光电流密度大小顺序为 $Ni_2P > Ni_{12}P_5 > Ni_3P$。值得注意的是，$Ni_2P$ 与 Ni_3P 的光电流密度在正区间响应，说明这两种金属磷化物具有 n 型半导体特性，而 $Ni_{12}P_5$ 的光电流密度在负区间响应，说明它具有 p 型半导体特性。不同类型的半导体会产生不同的光生电子与空穴的传输方式，从而进一步影响其光催化性能。另外，催化剂的电子传输阻力影响其放氢活性，为此作者表征了三种金属磷化物的 EIS。Nyquist 图中半圆直径的相对大小代表电子的传输阻力相对大小，结果表明，三种金属磷化物具有不同的电子传输阻力，传输阻力从大到小的顺序依次为 $Ni_3P > Ni_{12}P_5 > Ni_2P$（见图 5-11（b）），这与光电流的表征结果是一致的。

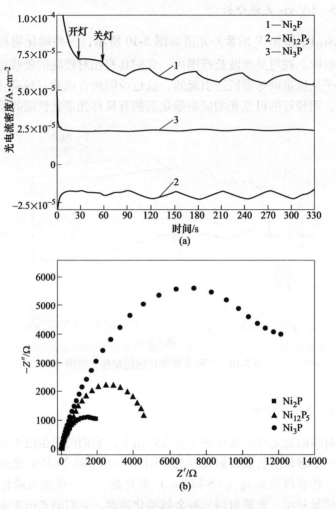

图 5-11 三种金属磷化物的光电流和阻抗图
(a) 光电流图；(b) 阻抗图

5.3.2 光催化性能及机理

为了考察可见光对 Ni_2P、$Ni_{12}P_5$ 和 Ni_3P 催化活性的影响，在可见光照射与不加光的情况下，作者对三种金属磷化物 Ni_2P、$Ni_{12}P_5$ 和 Ni_3P 在 0.5mol/L NaOH 浓度下催化 NH_3BH_3 的产氢性能进行了系统研究。结果显示，不加光时三种金属磷化物都具有催化 NH_3BH_3 放氢的活性，Ni_2P 的活性最高，初始 *TOF* 值为 44.1min^{-1}，$Ni_{12}P_5$ 与 Ni_3P 的活性较接近，初始 *TOF* 值分别为 4.7min^{-1} 和 3.4 min^{-1}（见图 5-12）。将可见光引入反应体系后，三种金属磷化物催化 NH_3BH_3 的放氢活性都有大幅提升，趋势与暗催化相似，其中 Ni_2P 具有最高的可见光催化活性，*TOF* 值达到 82.7min^{-1}，与其他非贵金属镍基催化剂相比该催化剂活性较高。另外，与对应的暗催化相比，Ni_2P、$Ni_{12}P_5$ 和 Ni_3P 在可见光下催化 NH_3BH_3 的产氢活性提升幅度分别为 87.5%、78.7% 和 88.2%。可见光对催化剂性能提高幅度的不同主要由以下两个原因造成的：第一，三种金属磷化物的可见光吸收能力不同，其中可见光吸收能力强弱顺序是 $Ni_2P>Ni_{12}P_5>Ni_3P$；第二，三种金属磷化物中镍与磷的摩尔比不同，使得它们对光生电子、空穴及由空穴氧化溶液中的氢氧根离子形成的羟基自由基利用效率不同，而它们是都对催化剂产氢活性的提升有正向推动作用的。

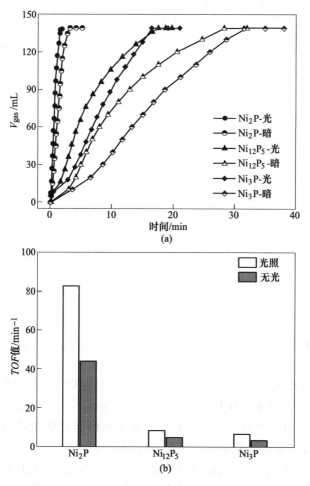

图 5-12 三种金属磷化物在光照和无光下催化 NH_3BH_3 的放氢曲线图（a）和 *TOF* 值（b）

在光催化反应过程中，形成的自由基中间体对整个光催化反应会产生较大的影响[211,212]。为了考察由空穴氧化水分子或氢氧根而形成的羟基自由基对 NH_3BH_3 放氢反应的影响，作者首先调控反应体系中 NaOH 溶液浓度，探究光催化下 Ni_2P 的放氢性能。由于羟基自由基在体系中不能稳定存在，因此选择对苯二甲酸（TA）为荧光探针来检测羟基自由基的浓度，因为 TA 可以与羟基自由基形成稳定的强荧光物质羟基对苯二甲酸，通过测量它的荧光强度间接确定羟基自由基浓度变化，结果如图 5-13 所示。从图中可以看出，在波长 426nm 处出现了羟基对苯二甲酸的特征吸收峰，且体系氢氧根浓度不同时荧光强度不同，说明在该体系下由空穴氧化氢氧根生成羟基自由基的浓度也是不同。为了进一步确定氢氧根浓度对反应速率的影响，以三种磷化物中的 Ni_2P 为例，通过调控反应体系的 NaOH 浓度来考察 Ni_2P 光催化 NH_3BH_3 产氢速率的变化。结果显示，NaOH 浓度对 Ni_2P 催化 NH_3BH_3 产氢速率有显著影响（见图 5-14），即随着 NaOH 浓度增加反应速率随之变大。当 NaOH 浓度为 0.5mol/L 时，具有最高反应速率，继续增加 NaOH 浓度至 0.7mol/L 时，反应速率微降，这可能是因为羟基自由基发生了解离。

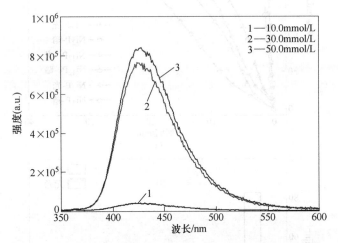

图 5-13　Ni_2P 在可见光照射、不同 NaOH 浓度下的荧光光谱图

为了进一步确定羟基自由基的对光催化反应的影响，选择异丙醇为其捕获试剂，测试了 Ni_2P 光催化 NH_3BH_3 产氢性能。结果显示，与未加任何牺牲试剂的 Ni_2P 光催化 NH_3BH_3 产氢体系活性相比，加入异丙醇后催化剂的活性下降（见图 5-15），说明光催化过程中产生的羟基自由基对于碱性溶液中 NH_3BH_3 水解产氢有正向推动作用。在目前报道的碱性光催化反应体系中，反应过程中生成的羟基自由基中间体是由光照射半导体时产生的空穴氧化而来[213,214]。为了进一步确定以金属磷化物为催化剂，光催化 NH_3BH_3 产氢过程中产生的反应活性中间体羟基自由基的来源，以 Ni_2P 为催化剂、碘化钾为空穴捕获试剂，检测了空穴浓度

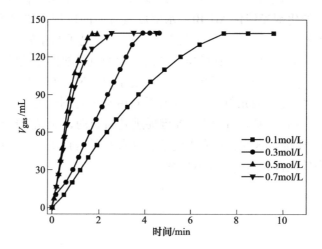

图 5-14 不同 NaOH 浓度对 Ni_2P 可见光催化 NH_3BH_3 的放氢曲线图

对反应速率的影响。如图 5-15 所示，将 KI 引入反应体系后，催化剂的活性下降，表明碱性条件下空穴的生成有利于催化反应的进行，也就证明了在碱性条件下光照 Ni_2P 时可以产生空穴，并且空穴可以将氢氧根氧化，产生对反应有促进作用的羟基自由基。除了光生空穴，光生电子对光催化反应也是有影响的[215]。为了验证电子在光催化 NH_3BH_3 产氢中的作用，以 Ni_2P 为催化剂、重铬酸钾为电子牺牲试剂，考察了光催化下 NH_3BH_3 的产氢速率。结果表明，加入重铬酸钾后，反应速率降低（见图 5-15），表明光生电子对光催化 NH_3BH_3 产氢具有促进作用。

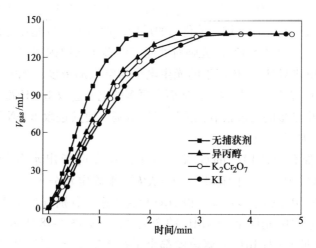

图 5-15 Ni_2P 在未添加与添加捕获试剂下可见光催化 NH_3BH_3 放氢曲线图

基于以上光生电子、空穴及羟基自由基相关的实验结果，作者推测了碱性条件下以 Ni_2P 为催化剂光催化 NH_3BH_3 水解放氢可能的机理。如图 5-16 所示，当 Ni_2P 吸收可见光后，产生光生电子与空穴，产生的电子与空穴分离并且迁移到催化剂表面。迁移到催化剂表面的空穴与溶液中的氢氧根离子接触并将其氧化为羟基自由基。由于 NH_3BH_3 分子中的 B—N 键是由—NH_3 与—BH_3 共用电子形成的，键能较小，因此会最先断裂。由于羟基自由基是有利于光催化 NH_3BH_3 分解的，因此推测羟基自由基是进攻 B—N 键促进其断裂的，而光生电子在水分子的帮助下进攻 B—H 键。这样，在光生电子、空穴及羟基自由基的协同作用下，实现了 Ni_2P 的高效光催化 NH_3BH_3 水解放氢。

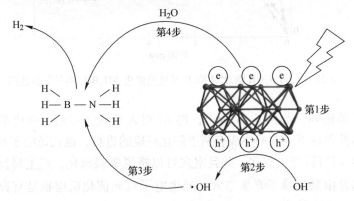

图 5-16　Ni_2P 在碱性溶液中可见光催化 NH_3BH_3 的机理图

（h^+ 代表空穴）

为了进一步确定可见光在金属磷化物催化 NH_3BH_3 放氢反应中对催化剂性能提升的影响，以 Ni_2P 为例，考察了光强与其催化 NH_3BH_3 放氢性能的关系。结果表明，随着可见光光强增加，催化剂的反应活性增加，且光强与催化剂活性基本上呈线性关系（见图 5-17）。光强对性能产生影响的原因主要是：在可见光照射时，光强影响半导体 Ni_2P 产生的光生电子与空穴的浓度。光强增加，可以使 Ni_2P 产生更多的光生电子与空穴，从而有更多的电子进攻 B—H 键。同时，高浓度的空穴可以将更多的氢氧根氧化为羟基自由基，使其进攻 B—N 键，从而加速 NH_3BH_3 的水解放氢反应过程。

目前，光催化 NH_3BH_3 的放氢反应中，有报道指出水分子是参加反应的[16,216]。作者采用动力学同位素效应（KIE）来确定水分子是否参与了金属磷化物光催化 NH_3BH_3 的放氢反应。以 D_2O 代替水来，分别以 Ni_2P 和 Ni_3P 为催化剂考察它们在重水中光催化 NH_3BH_3 的产氢性能。如图 5-18 所示，Ni_2P 和 Ni_3P 在碱性重水中催化 NH_3BH_3 分解速度都小于在水中催化分解 NH_3BH_3 速率，其 KIE 值分别为 2.9 和 2.4。两种磷化物的 KIE 值均在 2~7，故可以确定水分子参

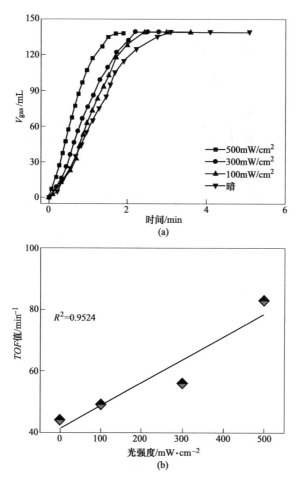

图 5-17　Ni_2P 在不同光强下催化 NH_3BH_3 的放氢曲线（a）
和催化剂的初始 *TOF* 值与光强的关系图（b）

与反应，且对反应速率有较大影响。这也从实验上证明，水分子除参与了金属纳米粒子催化产氢反应外，也能够参与金属磷化物的催化产氢反应。

循环性能是评价催化剂性能优劣的标准之一，良好的循环性是催化剂具有实际应用价值的前提。因此，作者考察了 Ni_2P 催化剂在光催化 NH_3BH_3 产氢反应中的循环性能。如图 5-19（a）所示，Ni_2P 具有良好的循环稳定性，即使在经过20 轮循环后仍具有 100% 的氢气选择性。随着循环次数的增加，催化剂催化 NH_3BH_3 产氢的速率减慢，可能的原因有两个：第一，随着催化剂使用次数的增加，催化剂团聚导致性能下降。通过对催化反应后 Ni_2P 催化剂进行 TEM 表征，结果发现，经过 20 轮循环实验后，催化剂的团聚现象明显（见图 5-19（b））。第二，随着反应的长时间进行，产物中含硼物质浓度逐渐增加，硼化物可能覆盖

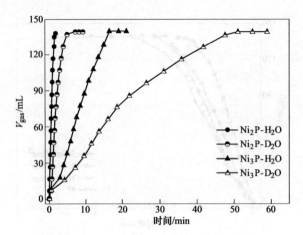

图 5-18 Ni_2P 和 Ni_3P 可见光催化 NH_3BH_3 水解和重水水解放氢曲线图

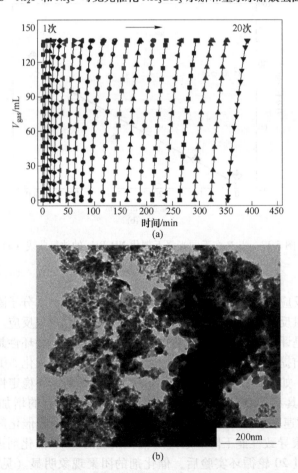

(b)

图 5-19 Ni_2P 光催化 NH_3BH_3 产氢循环图（a）与 20 轮循环后催化剂的 TEM 图（b）

在 Ni_2P 表面，导致活性位点减少。为了确定催化剂经过 20 轮循环后结构是否发生变化，对循环后的催化剂进行了 PXRD 表征。结果表明，与 Ni_2P 的标准卡片对比，循环后催化剂并没有产生新的衍射峰（见图 5-20），说明催化剂的晶相得到了保持。

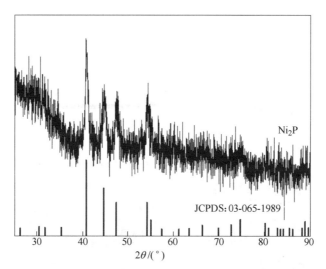

图 5-20　循环 20 轮后 Ni_2P 的 PXRD 图

5.4　形貌可调的 Ni_2P 光催化硼烷氨放氢

5.4.1　催化剂表征

5.4.1.1　PXRD 分析

从图 5-21 可以看出，两种形貌的 Ni_2P-SM 和 Ni_2P-FL 的特征峰出现在 40.69°、44.63°、47.38°、54.24° 和 54.95°，分别对应于 Ni_2P 的（111）（201）（210）（300）和（211）晶面（见图 5-21），而且没有杂峰出现，说明所合成的两种不同形貌的 Ni_2P 均为纯相。需要指出的是，与本章第 5.3 节工作中制备的 Ni_2P 相比（见图 5-2），通过反应过程优化后制备的 Ni_2P 纳米粒子 PXRD 峰宽变大，特别是 54.95°处，峰形宽化较明显，说明新制备的 Ni_2P 纳米粒子尺寸变小了。

5.4.1.2　电镜分析

为了清楚观察所制备磷化镍的形貌，分别对其进行了 SEM 与 TEM 表征，结果如图 5-22 所示。从图中可以看出，Ni_2P-SM 和 Ni_2P-FL 呈现两种截然不同的形

在 Ni_2P 谱图中，没有明显的杂质峰。对比两种催化剂，从 2θ 位置来看它们具有类似，无变化。同时没有测试出了 PXRD 峰位。如果发现，Ni_2P 的强度 Ni_2P 存在，需要引得注意并不存在更高结晶度的成因（图 5-20），说明催化作用的晶面相相同下降变稀。

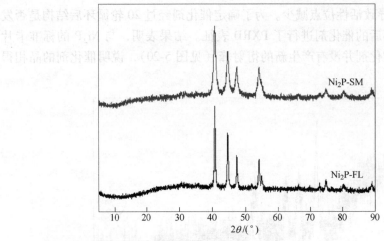

图 5-21　两种形貌 Ni_2P-SM 和 Ni_2P-FL 的 PXRD 图

(a)   (b)

(c)   (d)

图 5-22　Ni_2P-SM 和 Ni_2P-FL 的 TEM 和 SEM 图
(a)（b）Ni_2P-SM；（c）（d）Ni_2P-FL

貌，Ni_2P-SM 为纳米粒子状，粒径主要分布在 5～7nm 之间，Ni_2P-FL 为纳米花状。需要指出的是，与本章第 5.3 节工作中制备的 Ni_2P 相比，Ni_2P-SM 的粒径更小（与 PXRD 的结果一致），而且分散性也更好，这些特征有利于催化反应活性位点暴露，进而提高催化 NH_3BH_3 的放氢效率。

5.4.1.3 光电流分析

两种不同形貌的 Ni_2P-SM 和 Ni_2P-FL 的光电流测试结果如图 5-23 所示。从图中可以发现，在可见光照射下，它们产生光电流有明显差别，即 Ni_2P-SM 的光电流远大于 Ni_2P-FL 的光电流，这说明小尺寸纳米粒子状 Ni_2P-SM 的电子与空穴分离效率高于纳米花状 Ni_2P-FL 的电子与空穴分离效率，这也意味着受光激发后，会有更多的电子迁移到 Ni_2P-SM 表面参与反应。另外，与图 5-11（a）对比发现，粒径小、分散性好的 Ni_2P-SM 比粒径大、分散性差的 Ni_2P 在可见光照时具有更高的电子与空穴分离效率，这是因为随着颗粒的粒径减小，光生电子与空穴向表面迁移的距离也随着减小，于是其分离效率也随之提高了。

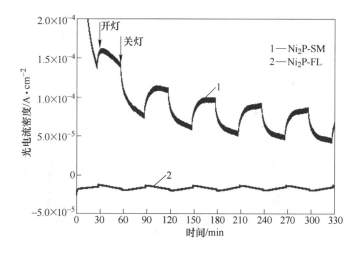

图 5-23 Ni_2P-SM 和 Ni_2P-FL 的光电流测试曲线图

5.4.1.4 EIS 分析

图 5-24 体现了两种不同形貌 Ni_2P-SM 和 Ni_2P-FL 中电子在传输过程中的阻力。由图可知，Ni_2P-SM 和 Ni_2P-FL 的阻抗相差很大，Ni_2P-SM 中的电子在传输过程中阻力较小，而 Ni_2P-FL 中的电子在传输过程中阻力相对前者非常大，这与

光电流的测试结果一致。另外，与图 5-11（b）对比发现，粒径小、分散性好的 Ni$_2$P-SM 比粒径大、分散性差的 Ni$_2$P 具有更小的阻抗，这也进一步证实了颗粒粒径减小后更有利于电子的传输。

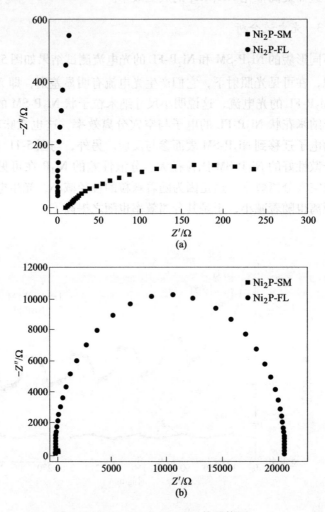

图 5-24　Ni$_2$P-SM 和 Ni$_2$P-FL 的阻抗图

5.4.1.5　XPS 分析

对所合成的 Ni$_2$P-SM 和 Ni$_2$P-FL 进行 XPS 表征，镍与磷的 XPS 如图 5-25 所示。通过对 Ni$_2$P-SM 和 Ni$_2$P-FL 的组成元素镍分析发现，Ni$_2$P-SM 和 Ni$_2$P-FL 的 Ni 2$p_{3/2}$ 均可以分成三个位置在 852.6.0eV 附近、856.0eV 附近和 860.5eV 附近的

峰，分别归属于 $Ni^{\delta+}$、Ni^{2+} 和 Ni 元素 $2p$ 的卫星峰，其中 $Ni^{\delta+}$ 是由于 Ni_2P 中镍的电子向磷转移产生的，Ni^{2+} 是在制样过程中氧化产生的。另外，纳米花状的 Ni_2P-FL 的氧化程度比小尺寸纳米粒子状的 Ni_2P-SM 更严重。P $2p_{3/2}$ 可以分成三个峰，峰位分别在 129.2eV 附近、130.0eV 附近和 134eV 附近，分别归属于 $P^{\delta-}$、P 的氧化与 P 元素 $2p$ 的卫星峰，而 $P^{\delta-}$ 的存在再一次证明镍与磷之间存在电子转移，同时也进一步证明了形貌不同的金属磷化物在制样的过程会受到不同程度的氧化。

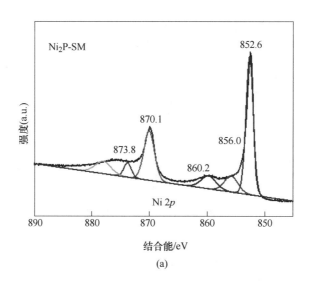

(a)

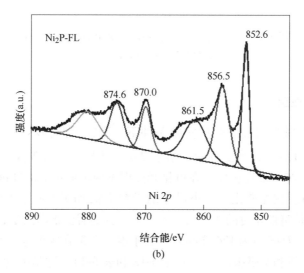

(b)

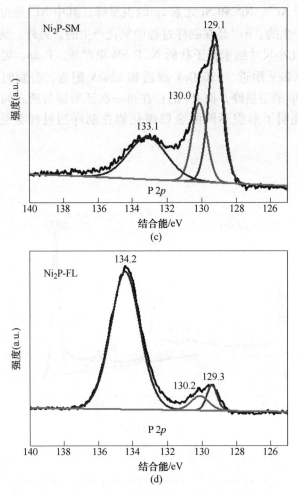

图 5-25　两种金属磷化物中 Ni 2p 和 P 2p 的 XPS 谱图

(a) (b) Ni 2p；(c) (d) P 2p

5.4.2　光催化性能

在可见光照射与暗反应两种实验条件下，研究了两种不同形貌 Ni$_2$P-SM 和 Ni$_2$P-FL 催化 NH$_3$BH$_3$ 的产氢性能。结果显示，两种形貌的 Ni$_2$P 都是 NH$_3$BH$_3$ 产氢的活性组分；与暗反应相比，在可见光照射下两种催化剂活性都得到了显著提高（见图 5-26）。在光催化下，小尺寸纳米粒子状 Ni$_2$P-SM 与纳米花状 Ni$_2$P-FL 的 TOF 值分别是暗催化时的 3.5 倍与 1.7 倍。特别需要指出的是，小尺寸纳米粒子状 Ni$_2$P-SM 的 TOF 值为 124.2min^{-1}，高于本章 5.3 节制备的粒径大、分散性差的 Ni$_2$P 的 TOF 值和文献报道值（见图 5-12 和表 5-1），这是因为当 Ni$_2$P 纳米粒子的粒径减小时，可以有效减少光生电子与空穴的迁移距离，有利于载流子的分离。另外，纳米花状 Ni_2P 的宏观尺寸比较大，也不利于电子与空穴分离和迁移，这与光电流表征结果是一致的。

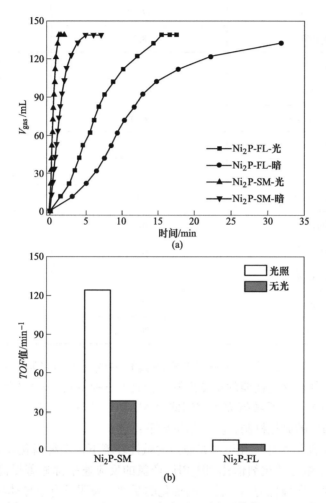

图 5-26 Ni_2P-SM 和 Ni_2P-FL 在光照和无光下催化 NH_3BH_3 的
放氢曲线（a）和 TOF 值（b）

表 5-1 催化剂催化 NH_3BH_3 放氢活性比较

催化剂	TOF 值/min^{-1}	参考文献
Ni_2P	82.7	本书
$Ni_{12}P_5$	8.4	本书

催化剂	TOF 值/min^{-1}	参考文献
Ni_3P	6.5	本书
Ni_2P-SM	124.2	本书
Ni_2P-FL	8.7	本书
Ru@ HAP	137	[217]
Rh@ PAB	130	[218]
AuCo/NCX-1	42.1	[39]
PdCo/C	35.7	[47]
Co@ N-C	5.6	[42]
Ni-Co-P/石墨烯	153.9	[55]
Cu_xCo_{1-x}O-GO	70.0	[57]
Ni/g-C_3N_4	18.7	[62]
Co/g-C_3N_4	55.6	[215]
CoP	72.2	[54]
Ni@ MSC-30	30.7	[196]

本章从半导体的组成与形貌能够影响其光生载流子与羟基自由基分离和迁移，进而影响其光催化性能的角度出发，合成了三种不同 Ni/P 比例的 Ni_xP_y 和两种不同形貌的 Ni_2P，系统探究了它们催化 NH_3BH_3 的放氢性能，并利用捕获实验探讨了 NH_3BH_3 的放氢机制，具体结论如下：

（1）与暗催化相比，在可见光照射的碱性环境下，三种磷化物 Ni_2P、$Ni_{12}P_5$ 和 Ni_3P 作为单组分催化剂催化 NH_3BH_3 产氢的反应速率都显著提高，其中 Ni_2P 具有最高活性。光催化的活性优于暗催化的活性，说明具有半导体特性的三种金属磷化物具有较高的电子和空穴分离效率，催化剂在可见光照射下的电子密度得到了提高。

（2）反应体系中的碱浓度对 Ni_2P 催化 NH_3BH_3 水解活性具有显著影响。随着反应体系中 NaOH 浓度的增加，反应速率随之提高。当 NaOH 浓度为 0.5mol/L 时，对 NH_3BH_3 产氢最有利。这是因为当可见光照射 Ni_2P 时，Ni_2P 会产生光生电子与空穴，产生的空穴将氢氧根氧化成羟基自由基，而羟基自由基可以促进 B—N 键的断裂。当 NaOH 浓度继续增加（大于 0.5mol/L）时，反应速率略有些下降，这是因为碱浓度过高促进了羟基自由基水解，降低了它的实际浓度。

（3）光强对 Ni_2P 催化 NH_3BH_3 产氢活性具有显著影响。随着光强的增加，反应速率逐渐增加，这是因为光强增加时，光生电子与空穴的浓度都增加。

（4）通过循环实验，表明 Ni_2P 具有高的稳定性。经过 20 轮循环后，其氢气选择性仍为 100%。

（5）通过捕获实验，确定了光生载流子与羟基自由基对 Ni_2P 光催化 NH_3BH_3 产氢过程的促进作用，并推测出了产氢反应机理。

（6）通过不同粒径尺寸与不同形貌的 Ni_2P 光催化 NH_3BH_3 产氢反应实验，说明活性组分粒径的大小与形貌对催化剂的活性有显著影响。小尺寸纳米粒子 Ni_2P 的活性高于大尺寸纳米粒子 Ni_2P 的活性，也优于纳米花状 Ni_2P 的活性，这是因为当 Ni_2P 纳米粒子的粒径减小时，可以有效减少光生电子与空穴的迁移距离，而纳米花状结构 Ni_2P 的尺寸比较大，不利于电子与空穴分离和迁移。

6 改性 MCM-41 负载铁基 催化剂催化降解亚甲基蓝

<<<<<<<<<<<<<<<<<<<<<<<<<<<<<<<<<<<<<<<<<<<<<<<<<<<<<<<<<<<<<<<<<<<<<

6.1 引　言

芬顿法（Fenton）包括：传统芬顿法、光-芬顿、电-芬顿、其他工艺（生物法、超声波、混凝法、活性炭）与芬顿联合法，主要应用于水处理工艺。传统芬顿法工艺成熟，但不能将有机物完全矿化为 CO_2 和 H_2O，中间产物易与 Fe^{3+} 络合，且 H_2O_2 的利用率低。由于催化剂具有活性高、选择性强、有一定的循环寿命、运行费用低等优点，催化剂—芬顿法具有广阔的应用前景。

2015～2018 年，Heckert、王帅军、王炫等人研究发现，Ce^{3+}、Mn^{2+} 可以发生类芬顿反应，主要反应式如下（以 Ce^{3+} 为例）：

$$Ce^{3+} + H_2O_2 = Ce^{4+} + \cdot OH + OH^-$$

$$Ce^{4+} + H_2O_2 = Ce^{3+} + \cdot OOH + H^+$$

$$Ce^{3+} + \cdot OH = Ce^{4+} + OH^-$$

$$Ce(OOH)^{3+} = Ce^{3+} + \cdot OOH$$

$$\cdot OOH + \cdot O_2^- + H^+ = H_2O_2 + O_2$$

$$RH + \cdot OH = R \cdot + H_2O$$

$$R \cdot + Ce^{4+} = R^+ + Ce^{3+}$$

$$O_2 + \cdot OH \longrightarrow OH^- + \cdot O_2^-$$

$$R^+ + O_2 \longrightarrow ROO^+ \longrightarrow \cdots \longrightarrow CO_2 + H_2O$$

目前，传统均相芬顿法工艺成熟，广泛应用于前期有机染料污水处理。但是，水体中有机染料浓度较低，导致其与芬顿试剂接触时间短、接触面积小、接触频率低，影响了去除效果[219,220]。非均相催化芬顿法不但可以提高芬顿试剂的使用效率，而且催化剂可回收和可重复使用的特点逐步取代了传统均相芬顿法。此外，该法的催化剂载体可灵活选择。具有结构规整且稳定、比表面积大、孔道均一等特点的有机介孔框架材料，特别是具有开放且规整的孔道、稳定的骨架结构、较高的比表面积和孔容的 MCM-41 分子筛成为载体首选[221,222]。

6.2　改性 MCM-41 原位负载铁基催化剂的制备及其催化降解亚甲基蓝

纯 MCM-41 晶格缺陷少、掺杂金属原子后孔道结构易改变等缺点制约了它的应用。因此，有机官能团修饰或功能化法、金属杂原子取代法、负载法等成为拓宽其应用的主要改性手段。在有机官能团改性中，氨基、羧基、磺酸基、巯基、酰胺基等是常见的耦合基团；在金属杂原子取代法中，主族金属（Al、Sn、K、Mg、Bi）、过渡金属（Ti、Mn、Cu、Ni、Cr）、稀土金属（La、Ce、Pr、Eu、Er）是常见的引入元素；负载法中，金属氧化物（ZrO_2、La_2O_3、TiO_2）、无机杂多酸（磷钨酸、磷钼酸）、席夫碱等是常见的活性组分[223~226]。这些改性方式对于完善 MCM-41 结构，进而提高以其为载体制备催化剂的活性有着重要意义。

基于此，本章以自制二元共聚物聚（苯乙烯-3-（甲基丙烯酰氧）丙基三甲氧基硅烷）改性 MCM-41，并以其为载体制备铁基催化剂，同时以亚甲基蓝溶液模拟有机废水进行催化氧化研究。采用 FTIR、XRD、SEM、NH_3-TPD、氮气等温吸附（BET）等手段分析了分子筛改性后产生的孔洞及硅羟基对催化性能的影响并给出协同作用机理，以期提供一种新型负载催化剂的制备方法。

6.2.1　试剂与仪器

本节研究内容使用的主要试剂和仪器见表 6-1。

表 6-1　实验试剂与仪器

化学试剂或仪器名称	规格/型号	产　地
苯乙烯（C_8H_8）	分析纯	国药集团化学试剂有限公司
3-(甲基丙烯酰氧)丙基三甲氧基硅烷($C_{10}H_{20}O_5Si$)	分析纯	国药集团化学试剂有限公司
十六烷基三甲基溴化铵（$C_{19}H_{42}BrN$）	分析纯	阿拉丁试剂（上海）有限公司
正硅酸乙酯（$C_8H_{20}O_4Si$）	分析纯	阿拉丁试剂（上海）有限公司
过硫酸铵（$(NH_4)_2S_2O_8$）	分析纯	国药集团化学试剂有限公司
碳酸氢钠（$NaHCO_3$）	分析纯	阿拉丁试剂（上海）有限公司
无水乙醇（C_2H_6O）	分析纯	国药集团化学试剂有限公司
氢氧化钠（NaOH）	分析纯	阿拉丁试剂（上海）有限公司
七水硫酸亚铁（$FeSO_4 \cdot 7H_2O$）	分析纯	阿拉丁试剂（上海）有限公司
亚甲基蓝（$C_{16}H_{18}C_1N_3S$）	分析纯	国药集团化学试剂有限公司

续表 6-1

化学试剂或仪器名称	规格/型号	产　地
硼氢化钠（NaBH₄）	分析纯	阿拉丁试剂（上海）有限公司
MCM-41	分析纯	阿拉丁试剂（上海）有限公司
pH 计	PHS-3E	上海雷磁仪器有限公司
电热恒温鼓风干燥箱	DGG-9070AD	上海森信实验仪器有限公司
恒温摇床	OLB-100C	济南欧莱博科学仪器有限公司
数显恒温水浴锅	LP-HHS	长春乐镁科技有限公司
精密增力电动磁力搅拌器	JJ-1	常州金坛良友仪器有限公司
循环水式多用真空泵	SH-D（Ⅲ）	常州金坛良友仪器有限公司
蠕动泵	YZ1515x	保定申辰泵业有限公司
超声波清洗机	JP-080S	苏州索尼克超声科技有限公司
真空管式炉	QSH-VTF-1400T	上海全硕电炉有限公司
紫外可见分光光度计	T9S	北京普析通用仪器有限责任公司
冷场发射扫描电子显微镜	SU-8220	日本日立公司
X 射线衍射仪	SAXS	孚光精仪（中国）有限公司
高分辨率透射电子显微镜	JEM-2100F	日本电子株式会社
红外光谱仪	FTIR-7600	天津港东科技发展股份有限公司
高性能全自动化学吸附仪	AutoChem Ⅱ 2920	美国麦克公司
全自动快速比表面物理吸附仪	ASAP-2460	美国麦克公司
透射电子显微镜	Tecnai G220	美国 FEI 公司
X 射线光电子能谱仪	Thermo ESCALAB 250XI	美国赛默飞世尔科技有限公司

6.2.2　催化剂合成方法

将 200mL 蒸馏水、10mL 苯乙烯、1.13mL 3-(甲基丙烯酰氧) 丙基三甲氧基硅烷、7.5mL 20mg/mL 碳酸氢钠、一定体积的无水乙醇（0mL、0.7mL、2.2mL、4.4mL）分别加入装有搅拌器和冷凝管的三口烧瓶中，并置于 75℃ 的水浴锅内。搅拌 10min 后滴加 12mL 10mg/mL 过硫酸铵，滴速为 0.4mL/min。恒温 6h 后过滤，得到四种白色乳液。

四种白色乳液各取 75mL，分别加入 1.5g 十六烷基三甲基溴化铵、0.75g 氢氧化钠，置于装有搅拌器和冷凝管的三口烧瓶中，于 65℃ 的水浴锅内搅拌 3h。然后滴加 9.4mL 正硅酸乙酯，滴速为 0.94mL/min，恒温 30min 后置于反应釜内，于 120℃ 的烘箱中晶化 12h。过滤，用蒸馏水清洗滤饼至滤液 pH 值等于 7，80℃ 下烘干滤饼。将四种滤饼研磨，得到改性分子筛原粉。四种分子筛原粉各取 2g，平铺在瓷舟内于管式炉内焙烧，升/降温速率为 1℃/min，100℃、200℃、300℃、400℃ 各恒温 1h，500℃ 恒温 3h。研磨后得到改性分子筛。其中，以无水乙醇加入量为 0.7mL 和 4.4mL 制得乳液改性制得的分子筛，编号分别记为 B′、D′。

四种改性分子筛及 MCM-41 各称取 0.2g，分别加入 0.11g 七水硫酸亚铁和 15mL 蒸馏水，室温搅拌 24h 后以转速为 6000r/min 的离心机离心 3min，弃上清液，80℃ 下烘干得到四种铁基催化剂。其编号分别记为 A、B、C、D、E。

6.2.3　测试与表征

测试与表征主要有：

（1）亚甲基蓝去除率的测定。将 0.1g 催化剂、100mL 100mg/L 亚甲基蓝溶液置于 250mL 的锥形瓶内，超声分散 3min 后用 1:1 的盐酸溶液调节 pH 值为 3~4，移入 10mL 质量分数为 30% 的 H_2O_2 后将其置于 150r/mim 的恒温摇床内反应一定时间。用转速为 10000r/min 的离心机离心 1min，取上清液测其吸光度并根据标准曲线方程计算去除率。

（2）FTIR 测试。采用 KBr 压片法制备样品，使用傅里叶变换红外光谱仪 FTIR-7600 型红外光谱仪，分辨率为 $4cm^{-1}$，扫描次数 32 次。

（3）BET 测试。采用 ASAP 2460 型全自动快速比表面物理吸附仪，测定温度 77K，吸附质为氮气。

（4）XRD 测试。采用 SAXS 型小角 X 射线衍射仪，设定铜靶，工作电压 40kV，工作电流 100mA，步宽 0.01°，扫描速度 0.5°/min，扫描角度 0.5° ~ 5°（2θ）。

（5）SEM 测试。采用 SU-8220 型冷场发射扫描电子显微镜拍摄形貌、微区元素成分及面分布。

（6）NH₃-TPD 测试。采用 ASAP-2460 型全自动快速比表面物理吸附仪，在 N_2 的保护下以 10℃/min 升至 550℃，恒温 1h 后冷却至 50℃。以体积比为 5:1 的 N_2 和 NH_3 混合气在该温度下吸附 1h，待基准曲线稳定后，升温至 800℃。

6.2.4　催化剂表征、性能测试及机理分析

6.2.4.1　最大吸收波长的确定和标准曲线的绘制

精确称取 0.1g 亚甲基蓝标准品加入少量的蒸馏水溶解，定容至 1000mL，得到浓度为 100mg/L 的储备液。分别移取该储备液 2mL、4mL、6mL、8mL 和 10mL

置于 100mL 容量瓶内，定容至刻线，得到浓度为 2mg/L、4mg/L、6mg/L、8mg/L和10mg/L 的标准溶液。取 6mg/L、8mg/L 和 10mg/L 三种浓度的标液分别于 400~800nm 波长内扫描，绘得吸收光谱扫描曲线。由图 6-1 可知，亚甲基蓝在 664nm 处有最大吸收，故选择 664nm 为检测波长。取五种浓度标液在该波长下，以吸光度为纵坐标、亚甲基蓝浓度为横坐标绘制标准曲线。如图 6-2 所示，该曲线的回归方程为 $y = 0.02717 + 0.19845x$，$R^2 = 0.991$，$N = 6$。

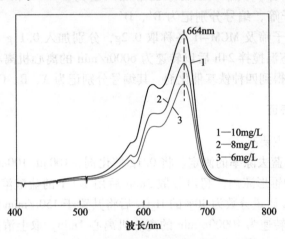

图 6-1　亚甲基蓝吸收光谱扫描曲线

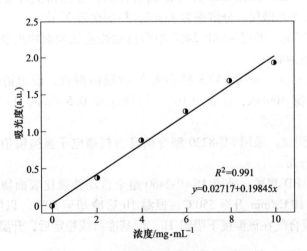

图 6-2　亚甲基蓝浓度与吸光度标准曲线

6.2.4.2　乙醇-水反应介质对铁基催化剂性能的影响

按 6.2.4.1 节的步骤分别考察 A、B、C、D、E 五种铁基催化剂催化 H_2O_2

氧化亚甲基蓝，结果如图 6-3 所示。对比图中的 5 条亚甲基蓝去除率曲线，可以看出助溶剂乙醇的引入对提高催化剂性能是有利的。以水单独作为二元无皂乳液共聚介质（A 曲线），3-(甲基丙烯酰氧) 丙基三甲氧基硅烷易水解固化产生聚硅氧烷均聚物，导致乳液中苯乙烯-3-(甲基丙烯酰氧) 丙基三甲氧基硅烷的共聚物较少，减弱了对 MCM-41 改性效果，降低了催化剂活性。以乙醇-水为二元无皂乳液共聚介质（B、C、D 曲线），乙醇的加入可以提高苯乙烯及 3-(甲基丙烯酰氧) 丙基三甲氧基硅烷在水中的溶解度，增加了短链自由基数量和两种单体捕捉该自由基的几率，增大了成核速度；同时乙醇的极性弱于水，乙醇的加入减小了两种单体的竞聚率，有利于两者共聚，起到了改性 MCM-41 的效果，提高了催化活性。但是，过量的乙醇对二元共聚物有溶胀作用，聚合过程会产生凝胶，反而影响催化性能。当乙醇用量（0.7mL）为水油总体积（220mL）的 0.3% 时，催化活性最佳，25min 时亚甲基蓝去除率可达 81.2%，而相同时间由 MCM-41 负载的铁基催化剂（E 曲线）对亚甲基蓝去除率为 60.6%，性能提高了 33.9%。催化性能提高的原因可能为：（1）高温焙烧脱除聚（苯乙烯-3-(甲基丙烯酰氧) 丙基三甲氧基硅烷）中单元苯乙烯后，出现孔洞，有利于 Fe^{2+} 负载；（2）聚（苯乙烯-3-(甲基丙烯酰氧) 丙基三甲氧基硅烷）的加入使 MCM-41 结构发生变化，增加了酸性位点，增强了酸性，进而提高了催化剂的吸附能力。

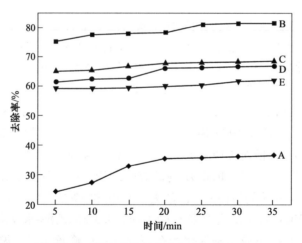

图 6-3 不同改性分子筛负载铁基催化剂对亚甲基蓝去除率的影响

为了验证以不同浓度的乙醇-水反应介质制备的二元共聚物改性剂对 MCM-41 的酸性位点有影响，选择 B′、D′分子筛进行吸附实验。实验过程按 6.2.4.1 节的步骤进行，但不加入 30% 的 H_2O_2，结果如图 6-4 所示。实验结果表明，以不同浓度乙醇-水反应介质制备的二元共聚物改性 MCM-41 负载铁基催化剂对亚甲基蓝的吸附效果是不同的。结合图 6-3 中 B、D 曲线可以看出，催化剂的催化性能佳其吸附能力也强，说明催化剂的催化性能与其吸附能力正相关，而吸附能力与载体的酸性位点也正相关，进一步表明聚（苯乙烯-3-(甲基丙烯酰氧）丙基三甲氧基硅烷）的加入使改性 MCM-41 的酸性位点增加。

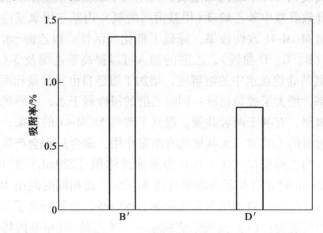

图 6-4　不同改性分子筛对亚甲基蓝吸附率的影响

6.2.4.3　FTIR 分析

MCM-41 的酸性很弱，其表面酸性主要由硅羟基引起。换而言之，硅羟基的数量可以间接体现酸性位点的多少。将质量分数为 0.3% 和 2% 的乙醇-水反应介质制备二元共聚物改性 MCM-41 及其负载铁基催化剂、MCM-41 进行红外表征，结果如图 6-5 所示。由图 6-5 中的红外曲线可知，四种曲线主要特征峰位一致，表明四种物质所含的主要官能团是一样的。波数 $3440cm^{-1}$ 为—OH 的伸缩振动峰，为吸附水分子所致；波数 $1080cm^{-1}$ 为 Si—O—Si 的不对称伸缩振动峰，波数 $786cm^{-1}$ 为 Si—O—Si 的对称伸缩振动峰，为 MCM-41 特征骨架；波数 $960cm^{-1}$ 为 Si—OH 的伸缩振动峰，为 MCM-41 的硅烷醇结构。但四种曲线在该处峰的强度却不同：MCM-41 在该处的特征峰已消失，0.3% 和 2% 的乙醇-水反应介质制备二元共聚物改性 MCM-41 在该处的特征峰很弱，0.3% 的乙醇-水反应介质制备二元共聚物改性 MCM-41 负载铁基催化剂在该处的特征峰较明显。说明用聚（苯乙烯-3-(甲基丙烯酰氧）丙基三甲氧基硅烷）改性 MCM-41，会增加分子筛中 Si—OH 的数量，即增加了酸性位点和增强了表面酸性。由于焙烧后不存在单元苯乙烯，故增加的 Si—OH 来源于单元 3-(甲基丙烯酰氧）丙基三甲氧基硅烷。当引入金属铁后，金属会表现路易斯酸位点并进一步增加催化剂酸性[227]。这也佐证了用改性分子筛负载铁基催化剂中 Si—OH 的数量和酸性位点都多于 MCM-41 负载铁基催化剂，这与 6.2.4.2 节得到的结论是一致的。

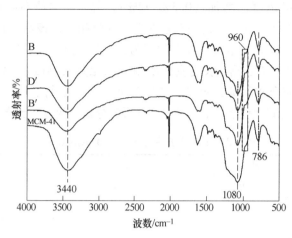

图 6-5 不同改性分子筛及其负载铁基催化剂、MCM-41 的红外光谱图

6.2.4.4 NH₃-TPD 分析

程序升温脱附技术是表征表面酸性质的有效手段，通过 NH₃-TPD 法可以得到分子筛的酸性、酸强、酸性中心类型等信息。据文献报道，在低温区，纯 MCM-41 只有一种类型的弱酸性位[228]。将 0.3% 和 2% 的乙醇-水反应介质制备二元共聚物改性 MCM-41 进行 NH₃-TPD 表征，结果如图 6-6 和表 6-2 所示。由图 6-6 和表 6-2 可知，不同于纯 MCM-41 的是，改性分子筛具有两个 NH₃ 脱附峰，说明该分子筛具有两种类型的酸性位。其中，102℃ 的脱氨峰对应的是分子筛表面弱酸性中心，脱附峰温值并没有偏移，但酸量相差 0.214mmol/g，说明弱酸性活性位受反应介质的影响较大；414℃ 和 433℃ 的脱氨峰对应的是分子筛表面较强酸

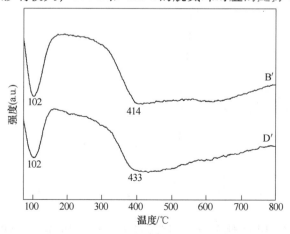

图 6-6 不同改性分子筛 NH₃-TPD 曲线

性中心，随着乙醇浓度的增加（0.3%→2%），脱附峰温值向高温区移动 19℃，但酸量仅相差 0.011mmol/g，说明较强酸性活性位相当，该活性位并没有受到反应介质的影响。因此，酸量和酸强弱顺序为：0.3%乙醇-水反应介质制备二元共聚物改性 MCM-41>2%乙醇-水反应介质制备二元共聚物改性 MCM-41。这说明 0.3%乙醇-水反应介质制备二元共聚物改性 MCM-41 孔道内的外骨架或者孔道表面产生了较多的弱酸性位点。这与 FTIR 分析的分析结果是一致的。

表 6-2　改性分子筛的 NH₃-TPD 测试结果

样品编号	脱附峰温值/℃	总酸量/mmol · g⁻¹	峰值浓度/%
B′	102	0.827	0.585
	414	5.140	0.637
D′	102	0.613	0.431
	433	5.129	0.533

6.2.4.5　XRD 分析

为了进一步确定聚（苯乙烯-3-(甲基丙烯酰氧）丙基三甲氧基硅烷）对分子筛晶体结构的影响，将 0.3%和 2%乙醇-水反应介质制备二元共聚物改性 MCM-41、MCM-41 和 0.3%乙醇-水反应介质制备二元共聚物改性 MCM-41 负载铁基催化剂进行小角 XRD 表征，结果如图 6-7 所示。由图 6-7 可知，纯 MCM-41 在 2θ 为 2.3°、4.0°和 4.6°处具有明显的衍射峰（特别是 2.3°处），三处衍射峰分别代表分子筛的（100）（110）和（200）晶面。当引入聚（苯乙烯-3-(甲基丙烯酰

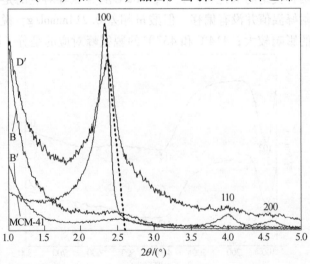

图 6-7　不同改性分子筛及其负载铁基催化剂、MCM-41 的 XRD 图

氧)丙基三甲氧基硅烷）后，改性分子筛（100）晶面的特征衍射峰强度降低、峰形宽化且向高角度方向移动，且（110）和（200）晶面的特征衍射峰已不明显，表明分子筛的结晶性下降，有序性降低。对比 B′和 D′曲线，0.3%乙醇-水反应介质制备二元共聚物改性 MCM-41 比 2%乙醇-水反应介质制备二元共聚物改性 MCM-41 更加无序；而对比 B′和 B 曲线，改性分子筛及其负载铁基催化剂衍射峰形状、峰宽及强度几乎未变。说明分子筛晶体结构的改变是由聚（苯乙烯-3-(甲基丙烯酰氧)丙基三甲氧基硅烷）的改性引起，而非金属的负载导致。进一步结合 6.2.4.2 节的结论，晶体结构无序性大的改性分子筛，以其为载体制备的铁基催化剂的活性也强。

6.2.4.6 SEM 分析

为了进一步探究改性分子筛晶体结构的微观形貌，将 0.3%和 2%乙醇-水反应介质制备二元共聚物改性 MCM-41、0.3%乙醇-水反应介质制备二元共聚物改性 MCM-41 负载铁基催化剂进行 SEM 测试，结果如图 6-8~图 6-10 所示。

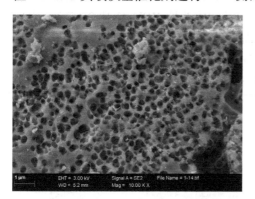
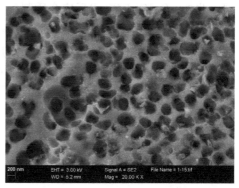

图 6-8   0.3%乙醇-水反应介质制备二元共聚物改性 MCM-41 的 SEM 图

图 6-9   2%乙醇-水反应介质制备二元共聚物改性 MCM-41 的 SEM 图

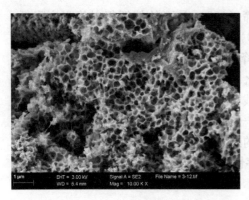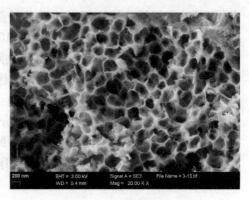

图 6-10　0.3%乙醇-水反应介质制备二元共聚物改性 MCM-41 负载铁基催化剂 SEM 图

　　由图 6-8 和图 6-9 可以看出，改性分子筛表面布满圆形孔洞，该孔洞是焙烧聚（苯乙烯-3-(甲基丙烯酰氧) 丙基三甲氧基硅烷）单元苯乙烯后形成的。形成孔洞后，破坏了 MCM-41 晶体结构，无序性增大，这与 XRD 的分析结果是一致的。此外，0.3%乙醇-水反应介质制备二元共聚物改性 MCM-41 比 2%乙醇-水反应介质制备二元共聚物改性 MCM-41 表面更加平滑，孔也更加均匀，分散性更好。对比图 6-8 和图 6-10，负载 Fe^{2+} 前后改性分子筛的孔洞并无明显变化，Fe^{2+} 并没有破坏或堵塞改性分子筛的孔道。分析图 6-11 中 EDS 能谱可知，改性分子

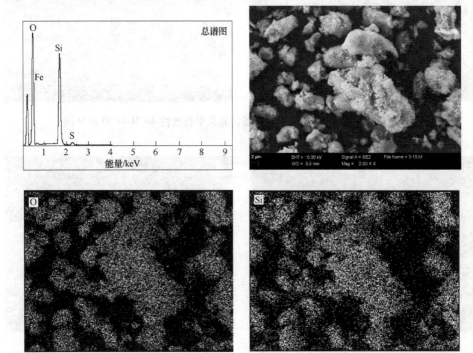

图 6-11   0.3% 乙醇-水反应介质制备的铁基催化剂 EDS-面扫图

筛表面含有硅、氧、铁、硫四种元素，且铁的质量分数为 6.68%，小于理论加入量 10%，说明大部分 Fe^{2+} 都存在于表面孔道中，小部分 Fe^{2+} 存在于内部孔道中；结合面扫图结果，铁以 FeS_2 的形式均匀分散在改性分子筛孔道表面，说明均匀的孔道有利于 Fe^{2+} 负载，对提高催化剂活性是有利的。这也印证了 6.2.4.2 节的结论。

6.2.4.7   BET 测试

为了探究分子筛表面与孔的性质，进而确定孔径分布、孔类型及孔比表面积等因素对催化剂性能的影响，将 0.3% 和 2% 乙醇-水反应介质制备二元共聚物改性 MCM-41 进行 BET 测试，结果如图 6-12 和图 6-13 所示。从吸附-脱附等温曲线可以看出，两个曲线的形状基本一致，均属于 IUPAC 类别中 Ⅳ 型等温线，H4 回滞环，且在 p/p_0 在 0.45 左右均有一突增，为介孔模型。对比图 6-12 和图 6-13

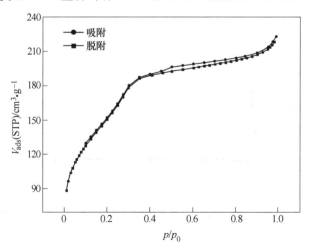

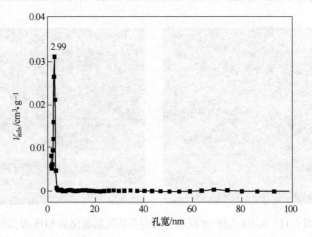

图 6-12　0.3%乙醇-水反应介质制备二元共聚物改性 MCM-41 等温吸附—脱附曲线图

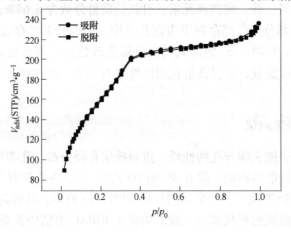

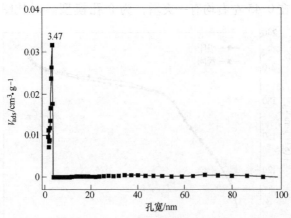

图 6-13　2%乙醇-水反应介质制备二元共聚物改性 MCM-41 等温吸附—脱附曲线图

的孔径分布曲线可知，最可几孔径仅相差 0.48nm。此外，比表面积仅差 13.3m^2/g。因此，催化剂性能的差异并不主要是由改性分子筛的孔径分布、孔类型及孔比表面积等因素的不同而引起的。在结合 6.2.4.5 节的结论，进一步印证了孔的均匀性是提高催化剂活性的主要影响因素。

6.2.4.8 协同作用机理分析

结合 6.2.4.2 节~6.2.4.6 节的分析，可以推测出聚（苯乙烯-3-(甲基丙烯酰氧)丙基三甲氧基硅烷）改性 MCM-41 的过程和作用机理（见图 6-14）。首先，以聚（苯乙烯-3-(甲基丙烯酰氧)丙基三甲氧基硅烷）为乳液，正硅酸乙酯为硅源，合成改性分子筛原粉。其次，焙烧改性分子筛原粉，二元共聚物单元苯乙烯被烧掉，导致改性分子筛形成孔洞；二元共聚物单元 3-(甲基丙烯酰氧)丙基三甲氧基硅烷产生一定数目的硅羟基，增加了酸性位点数量。最后，以改性分子筛为载体，采用等体积浸渍法制备铁基催化剂。在"孔"和"硅羟基"的协同作用下，该催化剂 25min 时催化降解亚甲基蓝的去除率达到 81.2%，与纯 MCM-41 负载铁基催化剂相比，性能提高了 33.9%。

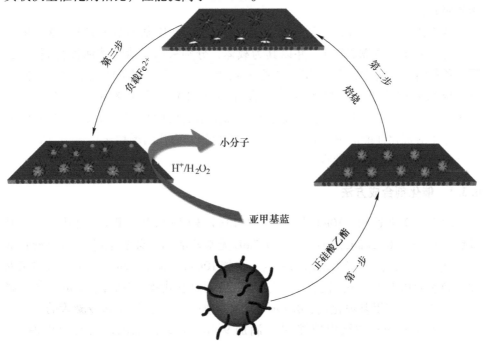

图 6-14 MCM-41 的改性过程和作用机理图

 聚(苯乙稀-3-(甲基丙烯酸氧)丙基三甲氧基硅烷)    MCM-41

6.3　改性 MCM-41 浸渍负载与硼氢化钠还原负载铁基催化剂的制备及其催化降解亚甲基蓝

目前，国内印染废水深度处理单元主要采用吸附处理、膜分离、高级氧化深度处理、高级生物处理等技术。其中，高级氧化深度处理技术中的传统芬顿化学氧化技术仍是常见的处理工序[229~231]。与均相类芬顿反应相比，非均相类芬顿反应因使用了固体催化剂便于分离和再利用，且催化剂所用载体可根据需求灵活选择和改性，在去除有机污染物方面有客观的现实意义和经济意义[232~234]。研究发现，在固体催化剂使用过程中，载体表面的物化性质和催化剂制备方法的不同均对活性组分的分散性和催化剂的性能产生影响[235]。因此，一方面，采用有机官能团修饰或功能化法对常见载体 MCM-41 分子筛进行改性，可以改变纯 MCM-41 表面的物理特性，进而影响催化性能。另一方面，采用浸渍负载活性金属、原位负载活性金属和 $NaBH_4$ 还原负载活性金属方式所制备的三类催化剂，负载方式的不同也会影响催化性能。但是，关于两者协同作用影响非均相类芬顿催化剂性能的研究较少。

鉴于此，本节以自制二元共聚物聚（苯乙烯-3-(甲基丙烯酰氧)丙基三甲氧基硅烷）制备改性 MCM-41，并以其为载体，分别采用浸渍负载活性金属方式、原位负载活性金属方式和 $NaBH_4$ 还原负载活性金属方式制备铁基催化剂，同时以亚甲基蓝溶液模拟有机废水进行催化氧化研究。采用 XRD、TEM、FTIR、XPS、压汞测试等手段分析了改性分子筛孔结构及活性组分 Fe 与改性 MCM-41 的相互作用对催化性能的影响并给出协同作用机理，为找出影响非均相类芬顿催化剂性能的因素提供理论借鉴。

6.3.1　催化剂合成方法

将 200mL 蒸馏水、10mL 苯乙烯、1.13mL 3-(甲基丙烯酰氧)丙基三甲氧基硅烷、7.5mL 20mg/mL 碳酸氢钠、0.7mL 无水乙醇加入装有搅拌器和冷凝管的三口烧瓶中，并置于 75℃ 的水浴锅内。搅拌 10min 后滴加 12mL 10mg/mL 过硫酸铵，滴速为 0.4mL/min。恒温 6h 后过滤，得到白色乳液。取乳液 75mL，依次将 1.5g 十六烷基三甲基溴化铵、0.75g 氢氧化钠加入装有搅拌器和冷凝管的三口烧瓶中，于 65℃ 的水浴锅内搅拌 3h。滴加 9.4mL 正硅酸乙酯，滴速为 0.94mL/min，恒温 30min 后置于反应釜内，于 120℃ 的烘箱中晶化 12h。过滤，用蒸馏水清洗滤饼至滤液 pH 值等于 7，80℃ 下烘干滤饼，研磨后得到改性 MCM-41 原粉。将原粉平铺在瓷舟内于管式炉内焙烧，升/降温速率为 1℃/min，100℃、200℃、300℃、400℃ 各恒温 1h，500℃ 恒温 3h。研磨后得到改性 MCM-41。

称取 0.2g 改性 MCM-41，加入 0.11g 七水硫酸亚铁和 15mL 蒸馏水，室温搅拌 24h 后以转速为 6000r/min 的离心机离心 3min，弃上清液，80℃下烘干得到 Fe/改性 MCM-41 催化剂 A。

称取 0.2g 改性 MCM-41，加入 0.11g 七水硫酸亚铁、15mL 蒸馏水、0.0045g 硼氢化钠，室温搅拌 24h 后以转速为 6000r/min 的离心机离心 3min，弃上清液，80℃下烘干得到 Fe/改性 MCM-41 催化剂 C。

Fe/改性 MCM-41 催化剂 B 的制备过程与上述制备方式相似，不同处是在反应釜内加入 0.44g 七水硫酸亚铁共同晶化。

6.3.2 测试与表征

测试与表征主要有：

（1）TEM 测试。采用 Tecnai G2 20 型透射电子显微镜拍摄形貌及面扫描。

（2）XPS 测试。采用压片法制样，Al K_α 射线为激发源，C $1s$ 结合能为 285eV 进行荷电校正，功率 150W，尺寸 500μm，通过能量 50eV，能量步长 0.05eV。

（3）压汞测试。采用 AutoPore Ⅳ 9510 型高性能全自动压汞仪，在真空条件下将汞注入样品管中，进行低压测定后将其放入高压站进行分析。

FTIR 测试、XRD 测试同 6.2.3 节。

6.3.3 催化剂表征、性能测试及机理分析

6.3.3.1 XRD 分析

为了明确改性 MCM-41，以及催化剂 A、B 和 C 的结构信息，进行了 XRD 表征。由图 6-15 可知，纯 MCM-41 在 2θ 为 2.3°处出现较明显的（100）衍射峰，4.0°和 4.6°处出现较弱的（110）和（200）衍射峰，这是二维六方结构的特征峰。改性 MCM-41 出现了较弱的（100）衍射峰，且向高角度方向移动，而（110）和（200）两处的衍射峰消失，表明虽然改性 MCM-41 结晶性下降、有序性降低，但分子筛骨架仍然存在（详见 6.3.3.4 节 FTIR 分析）。出现这种现象的原因是在改性分子筛制备过程中，单元聚苯乙烯在焙烧阶段燃烧后留下了孔洞，导致分子筛孔结构发生改变所致。文献报道，2θ 为 22.5°处是 MCM-41 中 SiO_2 无定型衍射峰[236]。由图 6-16 可知，催化剂 A、B、C 在该处的衍射峰均有所偏移，但偏移程度不同，其中催化剂 A 和 C 向高角度偏移较明显，这可能是活性组分 Fe 与载体改性 MCM-41 的相互作用或者载体的孔结构发生改变导致。此外，2θ 为 25.9°、30.1°和 35.6°为 Fe_2O_3 特征峰，2θ 为 18.4°、35.6°和 42.8°为 Fe_3O_4 特征峰，表明催化剂 A、B 中活性组分 Fe 以 Fe_2O_3 和 Fe_3O_4 的形式存在。但是，与催化剂 A、B 相比，催化剂 C 衍射图谱中没有找出任何含铁元素物质的衍射

峰，表明该催化剂中的铁为无定型态或者粒径较小[237]，这种现象在硼氢化钠还原过渡金属时易出现。另外，催化剂的颜色 A（土黄色）、B（棕黄色）、C（红棕色）是 Fe 在催化剂制备过程中被空气氧化造成的，而颜色的差别也进一步说明了由于制备方法的差别而使 Fe 以不同的价态与粒径存在催化剂中。

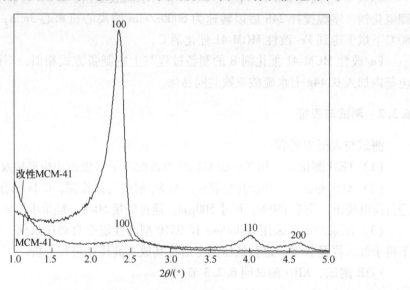

图 6-15　改性 MCM-41 和 MCM-41 的 XRD 图

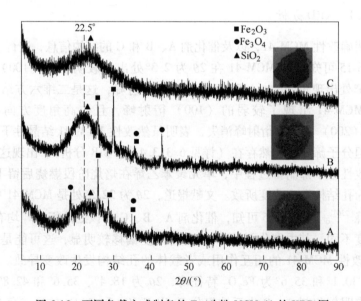

图 6-16　不同负载方式制备的 Fe/改性 MCM-41 的 XRD 图

6.3.3.2　TEM 分析

进一步探究不同负载方式制备的铁基催化剂表面形貌及元素分布，将催化剂 A、B、C 进行 TEM 表征，结果如图 6-17~图 6-19 所示。三种催化剂表面均有粒径约 200nm 的孔洞出现，且催化剂 A 的孔洞与催化剂 B、C 相比，更多、更均匀。均匀的孔道更有利于 Fe^{2+} 的分散和负载，对提高催化剂活性是有利的。图 6-20~图 6-22 所示为三种催化剂的元素分布，铁均匀分散在改性 MCM-41 表面及孔道内。对于催化剂 C 而言，虽然 XRD 没有检测到铁元素的衍射峰，但是铁元素确实存在于催化剂中。

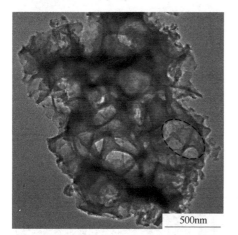
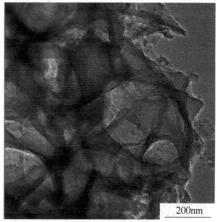

图 6-17　Fe/改性 MCM-41 催化剂 A 的 TEM 图

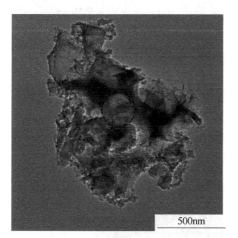
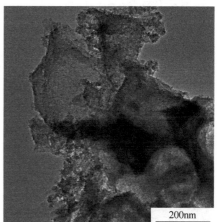

图 6-18　Fe/改性 MCM-41 催化剂 B 的 TEM 图

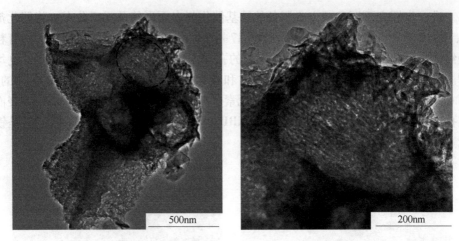

图 6-19   Fe/改性 MCM-41 催化剂 C 的 TEM 图

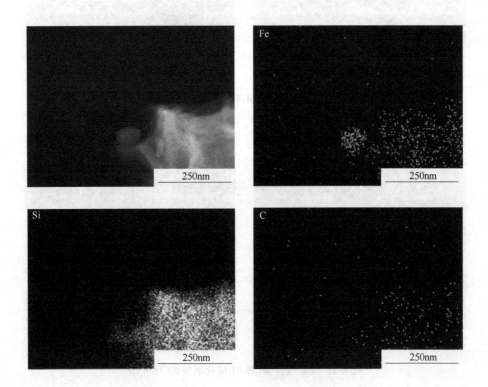

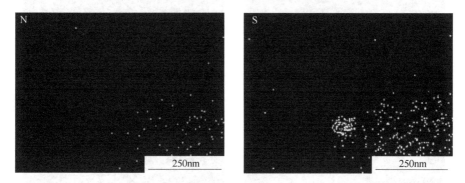

图 6-20　Fe/改性 MCM-41 催化剂 A 的面扫图

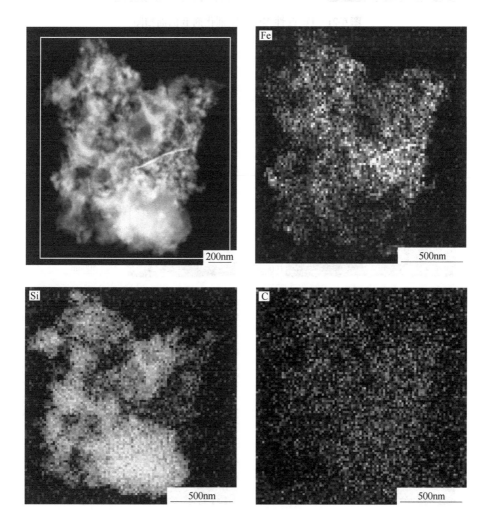

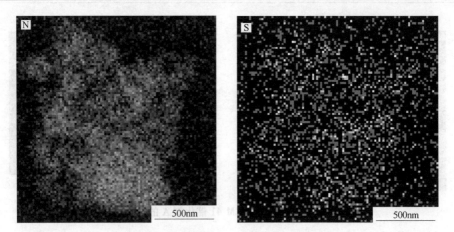

图 6-21　Fe/改性 MCM-41 催化剂 B 的面扫图

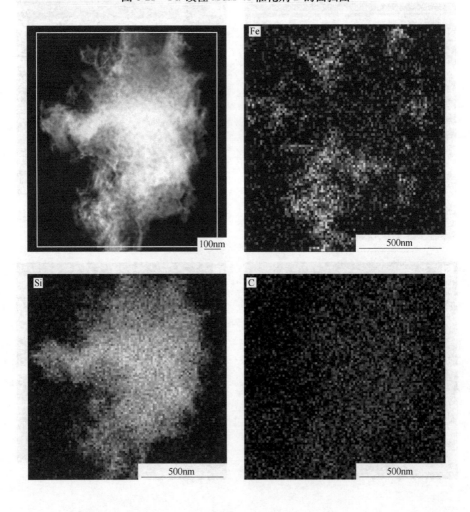

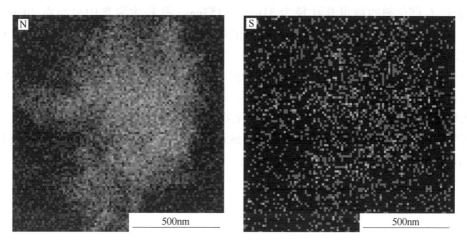

图 6-22　Fe/改性 MCM-41 催化剂 C 的面扫图

6.3.3.3　压汞测试分析

由 TEM 可以看出催化剂为 200nm 左右的大孔居多，这是由于改性焙烧过程形成的。为了进一步获取催化剂孔径分布、总孔体积、总孔表面积、孔隙度、实密度、表观密度等的物理特性，进行了压汞测试。图 6-23、图 6-24 和表 6-3 分别为催化剂 A、B、C 的累积孔容曲线、孔径分布曲线和孔结构参数。由图 6-23 可知，催化剂 A、B、C 的孔容分别为 1.47mL/g、1.94mL/g 和 2.78mL/g。从图 4-24 中看出，A 催化剂的最可几孔径为 1652nm，孔径主要集中分布在 10nm～4μm。B 催化剂的最可几孔径为 57nm、438nm 和 1905nm，孔径主要集中分布在 10nm～

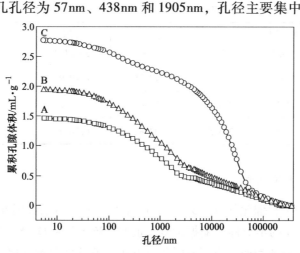

图 6-23　不同负载方式制备的 Fe/改性 MCM-41 的累积孔容曲线图

4μm。C 催化剂的最可几孔径为 31nm 和 153nm，孔径主要集中分布在 10nm ~ 1μm；而最可几孔径为 28031nm，孔径主要集中分布在 5 ~ 70μm，大部分为颗粒之间的堆积孔，可能是硼氢化钠还原 Fe^{2+} 时，还原产物 Fe 粒径较小，较小的 Fe 易聚集堆积，出现较多的堆积孔[238]。很明显，三种负载型催化剂均以大孔为主，且含有少量的中孔。由表 6-3 可以看出，催化剂 A 的实密度大于催化剂 B 和 C，表明单位体积内催化剂 A 的活性组分较多。此外，催化剂 A 的总孔隙面积、孔隙度、平均孔径均小于催化剂 B 和 C，这进一步说明了孔结构的不同也是影响催化剂性能差异的因素。

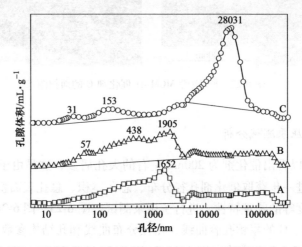

图 6-24　不同负载方式制备的 Fe/改性 MCM-41 的孔径分布曲线

表 6-3　不同负载方式制备的 Fe/改性 MCM-41 的孔结构参数

催化剂编号	总孔隙面积 /m$^2 \cdot$ g^{-1}	平均孔径 /nm	孔隙度 /%	实密度 /g $\cdot$ mL^{-1}	表观密度 /g $\cdot$ mL^{-1}
A	31.105	189.57	72.95	0.4949	1.8295
B	36.742	210.92	77.65	0.4008	1.7934
C	37.829	293.55	84.82	0.3055	2.0128

6.3.3.4　FTIR 分析

将纯 MCM-41 和催化剂 A、B、C 进行红外表征，结果如图 6-25 所示。波数 1080cm^{-1} 为 O—Si 的不对称伸缩振动峰，波数 786cm^{-1} 为 O—Si 的对称伸缩振动峰，为 MCM-41 特征骨架，说明不同负载方式制备的催化剂都保持了 MCM-41 的骨架结构，铁元素的引入并没有影响改性 MCM-41 的晶格结构。

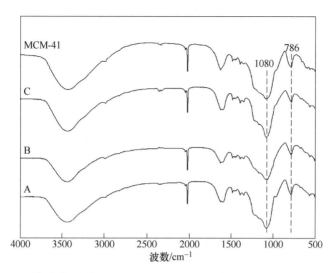

图 6-25　不同负载方式制备的 Fe/改性 MCM-41 催化剂、MCM-41 的红外光谱图

6.3.3.5　XPS 分析

为了分析负载铁元素的价态及 Fe 与改性 MCM-41 的相互作用，特进行 XPS 表征，结果如图 6-26~图 6-29 所示。由三种催化剂的全谱图（见图 6-26）可以看出，结合能在 711.7eV 左右和 725.3eV 左右的谱峰分别归属为 Fe $2p_{3/2}$ 和 Fe $2p_{1/2}$，结合能在 535eV 处左右的谱峰归属为 O $1s$，表明催化剂表面存在铁和氧两种元素。由三种催化剂的 Fe $2p$ 高分辨图谱（见图 6-27）可知，与文献报道的 Fe $2p$ 定位在 711.0eV 和 724.5eV 处的结合能相比[239,240]，三种催化剂 Fe $2p$ 的结合能都向更高结合能的方向发生偏移，偏移的原因是 Fe 中的电子向分子筛转移，

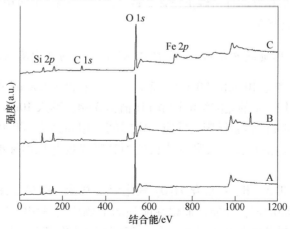

图 6-26　不同负载方式制备 Fe/改性 MCM-41 的 XPS 谱图

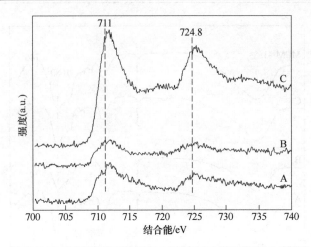

图 6-27　不同负载方式制备 Fe/改性 MCM-41 的 Fe 2p 谱图

使两者之间产生了相互作用[241]，这可能有利于吸附与降解甲基蓝分子。由图 6-28 和图 6-29 中三种催化剂的 Fe 2p 和 O 1s 高分辨分峰谱图可以看出，峰位于 711.3eV 和 724.9eV 左右的两个谱峰均归属于 Fe^{2+}，峰位于 713.4eV 和 727.7eV 左右的两个谱峰均归属于 Fe^{3+}[242,243]，说明制备的催化剂中含有 Fe^{2+} 和 Fe^{3+}，这与 XRD 的测试结果是一致的。在 O 1s 高分辨分峰图谱中，位于 530.3eV 的谱峰归属于 Fe—O，位于 531.2eV 的谱峰归属于 Si—OH，位于 532.8eV 的谱峰归属于吸附水[165]。值得注意的是，Si—OH 谱峰的峰形没有明显变化，表明 Fe 并没有大量进入改性 MCM-41 晶格中，这与 FTIR 的分析结果是一致的。在改性 MCM-41 晶格中是否存在少量 Fe，还待进一步考察。虽然 XRD 没有检测到催化剂 C 中铁元素的衍射峰，但是通过 XPS 分析，铁元素确实存在于催化剂 C 中，这也与面扫图分析相互印证。综上所述，Fe 与改性 MCM-41 间相互作用也是导致催化性能出现差异的原因。

6.3.3.6　不同负载方式 Fe/改性 MCM-41 催化剂对亚甲基蓝降解性能的影响

将 0.1g 催化剂、100mL 100mg/L 亚甲基蓝溶液置于 250mL 的锥形瓶内，超声分散 3min 后用 1:1 的盐酸溶液调节 pH 值为 3~4，移入 10mL 30% 的 H$_2$O$_2$ 后将其置于 150r/mim 的恒温摇床内反应一定时间。用转速为 10000r/min 的离心机离心 1min，取上清液在其最大吸收波长处测其吸光度并根据标准曲线方程计算去除率。

分别以催化剂 A、B、C 催化 H$_2$O$_2$ 氧化亚甲基蓝，结果如图 6-30 所示。不同催化剂具有不同的催化性能，催化性能强弱的顺序为 A>B>C。即通过浸渍负载活性金属方式制备的催化剂性能最佳，25min 时亚甲基蓝去除率可达 81.2%；通过原位负载活性金属方式制备的催化剂性能居中，25min 时亚甲基蓝去除率为

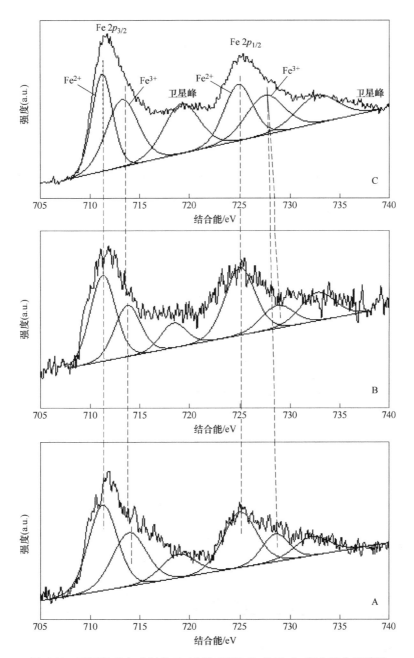

图 6-28　不同负载方式制备 Fe/改性 MCM-41 的 Fe $2p$ 高分辨分峰谱图

73.5%；而通过 $NaBH_4$ 还原负载活性金属方式制备的催化剂性能最差，25min 时亚甲基蓝去除率仅为 19%。因此，在同种载体、相同降解时间的条件下，不同活性组分的负载方式对催化剂的性能是有影响的。结合 6.3.3.1~6.3.3.5 节表征分

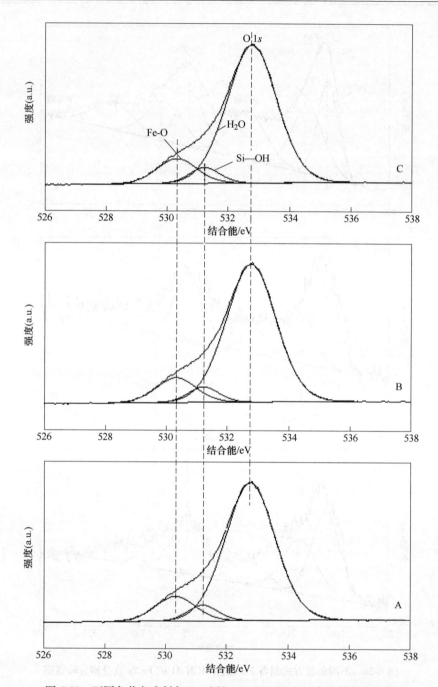

图 6-29 不同负载方式制备 Fe/改性 MCM-41 的 O 1s 高分辨分峰谱图

析，这归因于：（1）活性组分与载体的相互作用不同；（2）催化剂的制备方式不同，导致孔结构发生改变。

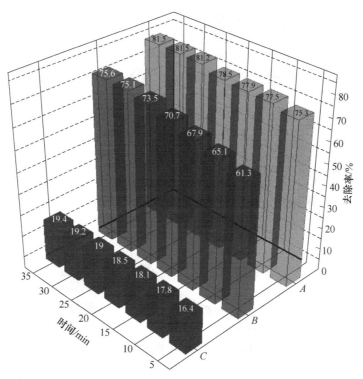

图 6-30 不同负载方式 Fe/改性 MCM-41 催化剂对亚甲基蓝去除率的影响

6.3.3.7 协同作用机理分析

结合 6.3.3.1~6.3.3.6 节的表征分析及性能测试，可以推测出以浸渍负载活性金属方式、原位负载活性金属方式和 $NaBH_4$ 还原负载活性金属方式所制备催化剂性能不同的原因是：Fe 与改性 MCM-41 间相互作用和催化剂孔结构两者的协同（见图 6-31）。一方面，在合成改性 MCM-41 过程中，由于二元共聚物聚（苯乙烯-3-(甲基丙烯酰氧)丙基三甲氧基硅烷）中单元苯乙烯被烧掉后形成孔洞，导致改性分子筛的孔结构发生改变。另一方面，活性组分 Fe 与改性 MCM-41 的相互作用改变了负载金属铁的化学环境。两方面的协同作用使不同负载方法制备催化剂的性能产生差异。

本章自制二元共聚物聚（苯乙烯-3-(甲基丙烯酰氧)丙基三甲氧基硅烷）改性 MCM-41，并以其为载体，采用浸渍负载活性金属方式、原位负载活性金属方式和 $NaBH_4$ 还原负载活性金属方式制备铁基非均相催化剂。系统探究了它们催化降解亚甲基蓝的性能和机理，具体结论如下：

（1）以 0.3%乙醇-水为反应介质，制得聚（苯乙烯-3-(甲基丙烯酰氧)丙基三甲氧基硅烷）并用其改性 MCM-41。以改性 MCM-41 为载体制备的铁基催化剂

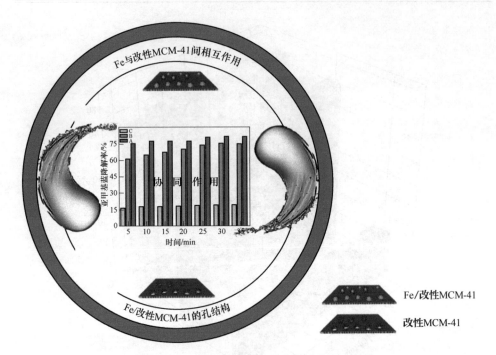

图 6-31　Fe/改性 MCM-41 催化协同作用示意图

25min 时催化降解亚甲基蓝的去除率为 81.2%，比纯 MCM-41 负载铁基催化剂的性能提高了 33.9%。

（2）FTIR、XRD、SEM、NH$_3$-TPD、BET 等手段分析了改性 MCM-41 负载铁基催化剂性能提高的原因：焙烧后，聚（苯乙烯-3-(甲基丙烯酰氧)丙基三甲氧基硅烷）中单元苯乙烯使改性分子筛形成孔洞，而单元 3-(甲基丙烯酰氧)丙基三甲氧基硅烷产生一定数目的硅羟基，增加了酸性位点。两者的协同作用使该催化剂的活性提高。

（3）通过浸渍负载活性金属方式制备的催化剂 25min 时亚甲基蓝去除率为 81.2%；通过原位负载活性金属方式制备的催化剂 25min 时亚甲基蓝去除率为 73.5%；通过 NaBH$_4$ 还原负载活性金属方式制备的催化剂 25min 时亚甲基蓝去除率为 19%。

（4）XRD、TEM、FTIR、XPS、压汞测试等手段分析了不同负载方式制备的 Fe/改性 MCM-4 催化剂性能出现差异的原因：焙烧后，聚（苯乙烯-3-(甲基丙烯酰氧）丙基三甲氧基硅烷）中单元苯乙烯使改性分子筛形成孔洞，改变了改性分子筛的孔结构；活性组分 Fe 与改性 MCM-41 的相互作用改变了负载金属铁的化学环境。上述两者的协同作用使催化剂的性能各异。

7 非贵金属纳米催化材料的设计合成及应用评价

<<<<<<<<<<<<<<<<<<<<<<<<<<<<<<<<<<<<<<<<<<<<<<<<<<<<<<<<<<<<<<<<<<<<<<

本书主要介绍了金属基纳米催化材料的设计合成及在染料降解和小分子放氢中的应用。主要涉及钒酸铈/二氧化铈异质结负载钴纳米粒子高效光催化硼烷氨制氢、2D/2D 超薄钴纳米片/钒酸铈纳米带@聚多巴胺高效光催化硼烷氨制氢、改性 MCM-41 原位负载、浸渍负载、硼氢化钠还原负载铁基催化剂的制备及其催化降解亚甲基蓝几方面。现将主要研究结果总结如下。

7.1 钒酸铈/二氧化铈异质结负载钴纳米粒子高效光催化硼烷氨制氢

在未加入任何结构导向剂的情况下，首次通过改变参与反应的半导体材料自身晶体结构，构建了具有强电子作用与丰富氧缺陷的 $CeVO_4/CeO_2$ 异质结。以此复合物为载体负载钴纳米粒子制备催化剂，考察室温下催化 NH_3BH_3 水解反应活性并探讨反应机理，具体结论如下：

（1）在催化剂的制备过程中，首次在未加入任何结构导向剂的条件下，使能带位置匹配的半导体 CeO_2 原位生长在 $CeVO_4$ 表面，两者间形成具有强电子作用的异质结 $CeVO_4/CeO_2$。

（2）以复合物 $CeVO_4/CeO_2$ 为载体，可以有效提高载体中电子-空穴对的分离和迁移效率，从而使更多电子向活性金属钴纳米粒子表面转移，提高了催化剂的活性。

（3）在催化反应的机理研究中发现：载体的这种结构可以显著加速 NH_3BH_3 分子制氢过程中 H_2O 分子中 O—H 的断裂。

（4）$Co-CeVO_4/CeO_2$ 具有优异的催化活性和循环性能。5 轮循环测试后，催化剂的选择性为 100%，性能轻微下降，晶相得到很好的保持。

7.2 具钴纳米片/钒酸铈纳米带@聚多巴胺光催化硼烷氨放氢

针对引入载体后产生催化剂循环使用寿命增加与性能下降之间的相互矛盾及

催化剂光吸收范围窄、不易产生较大光生载流子分离动力的问题，设计出 Co/CeVO₄@ PDA。通过调控 Co/CeVO₄@ PDA 中活性金属与载体的形貌分别为二维纳米片与二维纳米带，增大了两者间的接触面积并增强了两者间的电子相互作用。同时，利用 PDA 中—NH₂ 与载体中变价元素铈与钒作用，将 PDA 包覆于载体外侧并引入催化剂中，具体结论如下：

（1）通过调控载体 CeVO₄ 与活性金属钴的形貌分别为二维纳米带与纳米片，制备了 2D/2D 负载型催化剂 Co/CeVO₄@ PDA。增大了两者间的接触面积并增强了两者间的相互作用，成功克服了负载型催化剂制备过程中引入载体后催化剂循环使用寿命增强与活性组分利用率降低之间的相互矛盾。

（2）利用 PDA 中—NH₂ 与二维纳米带 CeVO₄ 中铈与钒元素相互作用，将具有近红外吸收的 PDA 引入载体中（CeVO₄@ PDA），拓宽了催化剂的光吸收范围，提高了光利用率，并为催化剂中光生载流子的分离提供更大驱动力。

（3）通过实验与表征结果说明以 CeVO₄@ PDA 为载体制备的钴基催化剂 Co/CeVO₄@ PDA 表面更易于光生电子的聚集。

（4）催化剂 Co/CeVO₄@ PDA 具有优异的催化 NH₃BH₃ 制氢性能，并且该催化剂循环性能优异。经过 5 轮循环测试后，选择性仍然为 100%，而且活性基本保持不变。

7.3　系列光活性 V_xO_y 负载非贵金属催化剂光催化 NH₃BH₃ 放氢

从调控光活性载体组分与带间结构出发，制备三种 V/O 比的金属氧化物 V_2O_5、VO_2 和 V_2O_3，并用氢气低温热处理 V_2O_5，得到了一系列多孔并富含氧缺陷的 V_2O_5。然后以所制备的 V_xO_y 载体负载钴或镍纳米粒子，形成了可见光相应的催化剂，探讨了它们催化 NH₃BH₃ 水解产氢性能与机理，具体结论如下：

（1）载体中 V 与 O 的比例对金属催化剂催化 NH₃BH₃ 水解放氢性能影响很大，其中 VO_2 为载体制备的钴与镍催化剂活性最高。

（2）通过氢气低温热处理，可以得到具有孔结构并且富含氧缺陷的 V_2O_5 纳米片。不同的氢气处理温度对 V_2O_5 中氧缺陷的浓度产生很大影响，随着氢气处理温度的升高，氧缺陷的含量随之增加，并且使 V_2O_5 的可见光吸收边红移，带隙变窄。

（3）氢气低温热处理 V_2O_5 过程中，由于大量氢气进入 V_2O_5 的层间，与其组分中的氧相互作用，导致 V_2O_5 表面产生大量的孔结构，这增加了可见光的利用率，对光催化是有利的。

（4）所有催化剂的光催化产氢活性都优于其暗催化活性，其中 Co/V_2O_5-300

具有最高活性。随着氢气处理载体温度的升高，相应催化剂的催化活性也随之提高。但是，当处理温度达到 350℃时，相应催化剂的催化性能反而下降。这说明 V$_2$O$_5$ 中氧缺陷的浓度对催化剂的性能有显著的影响。对于光催化反应而言，并不是催化剂的氧缺陷浓度越高，其性能越优异。

（5）氢气热处理 V$_2$O$_5$ 后得到的多孔富含缺陷 V$_2$O$_5$ 载体在调控并提高非贵金属光催化 NH$_3$BH$_3$ 产氢效率方面具有普适性。

（6）通过电子、空穴和羟基自由基捕获实验，提出了多孔富含缺陷的 V$_2$O$_5$ 为载体的金属纳米催化剂光催化 NH$_3$BH$_3$ 水解产氢的反应机理。

7.4 组成与形貌可调的系列 Ni$_x$P$_y$ 光催化 NH$_3$BH$_3$ 放氢

本章从半导体的组成与形貌能够影响其光生载流子与羟基自由基分离和迁移，进而影响其光催化性能的角度出发，合成了三种不同 Ni/P 比例的 Ni$_x$P$_y$ 和两种不同形貌的 Ni$_2$P，系统探究了它们催化 NH$_3$BH$_3$ 的放氢性能，并利用捕获实验探讨了 NH$_3$BH$_3$ 的放氢机制，具体结论如下：

（1）与暗催化相比，在可见光照射的碱性环境下，三种磷化物 Ni$_2$P、Ni$_{12}$P$_5$ 和 Ni$_3$P 作为单组分催化剂催化 NH$_3$BH$_3$ 产氢的反应速率都显著提高，其中 Ni$_2$P 具有最高活性。光催化的活性优于暗催化的活性，说明具有半导体特性的三种金属磷化物具有较高的电子和空穴分离效率，催化剂在可见光照射下的电子密度得到了提高。

（2）反应体系中的碱浓度对 Ni$_2$P 催化 NH$_3$BH$_3$ 水解活性具有显著影响。随着反应体系中 NaOH 浓度的增加，反应速率随之提高。当 NaOH 浓度为 0.5mol/L 时，对 NH$_3$BH$_3$ 产氢最有利。这是因为当可见光照射 Ni$_2$P 时，Ni$_2$P 会产生光生电子与空穴，产生的空穴将氢氧根氧化成羟基自由基，而羟基自由基可以促进 B—N 键的断裂。当 NaOH 浓度继续增加（大于 0.5mol/L）时，反应速率略有些下降，这是因为碱浓度过高促进了羟基自由基水解，降低了它的实际浓度。

（3）光强对 Ni$_2$P 催化 NH$_3$BH$_3$ 产氢活性具有显著影响。随着光强的增加，反应速率逐渐增加，这是因为光强增加时，光生电子与空穴的浓度都增加。

（4）通过循环实验，表明 Ni$_2$P 具有高的稳定性。经过 20 轮循环后，其氢气选择性仍为 100%。

（5）通过捕获实验，确定了光生载流子与羟基自由基对 Ni$_2$P 光催化 NH$_3$BH$_3$ 产氢过程的促进作用，并推测出了产氢反应机理。

（6）通过不同粒径尺寸与不同形貌的 Ni$_2$P 光催化 NH$_3$BH$_3$ 产氢反应实验，说明活性组分粒径的大小与形貌对催化剂的活性有显著影响。小尺寸纳米粒子 Ni$_2$P 的活性高于大尺寸纳米粒子 Ni$_2$P 的活性，也优于纳米花状 Ni$_2$P 的活性，这

是因为当 Ni_2P 纳米粒子的粒径减小时，可以有效减少光生电子与空穴的迁移距离，而纳米花状结构 Ni_2P 的尺寸比较大，不利于电子与空穴分离和迁移。

7.5　改性 MCM-41 负载铁基催化剂的制备及其催化降解亚甲基蓝研究

以自制二元共聚物聚（苯乙烯-3-(甲基丙烯酰氧)丙基三甲氧基硅烷）改性 MCM-41，并以其为载体制备铁基非均相催化剂。研究了该催化剂对亚甲基蓝的催化降解性能，同时利用 FT-IR、XRD、SEM、NH_3-TPD、氮气等温吸附（BET）等手段分析了分子筛改性后对铁基催化性能的影响。结果表明，改性 MCM-41 负载铁基催化剂具有优异的催化降解亚甲基蓝性能，25min 时去除率达到 81.2%，与纯 MCM-41 负载铁基催化剂相比，性能提高了 33.9%，具体结论如下：

（1）以 0.3%乙醇-水为反应介质，制得聚（苯乙烯-3-(甲基丙烯酰氧)丙基三甲氧基硅烷）并用其改性 MCM-41。当乙醇用量为水油总体积的 0.3%时，以改性 MCM-41 为载体制备的铁基催化剂催化活性最佳，25min 时亚甲基蓝去除率可达 81.2%，而相同时间由 MCM-41 负载的铁基催化剂对亚甲基蓝去除率为 60.6%，性能提高了 33.9%。

（2）结合 FTIR、XRD、SEM、NH_3-TPD、BET 等手段分析了聚（苯乙烯-3-(甲基丙烯酰氧)丙基三甲氧基硅烷）改性 MCM-41 的过程和作用机理：首先，以聚（苯乙烯-3-(甲基丙烯酰氧)丙基三甲氧基硅烷）为乳液，正硅酸乙酯为硅源，合成改性分子筛原粉。其次，焙烧改性分子筛原粉，二元共聚物单元苯乙烯被烧掉，导致改性分子筛形成孔洞；二元共聚物单元 3-(甲基丙烯酰氧)丙基三甲氧基硅烷产生一定数目的硅羟基，增加了酸性位点数量。最后，以改性分子筛为载体，采用等体积浸渍法制备铁基催化剂。在孔和硅羟基的协同作用下，该催化剂催化降解亚甲基蓝的性能比纯 MCM-41 负载铁基催化剂的性能提高 33.9%。

7.6　不同负载方式铁改性 MCM-41 催化剂的制备及其催化降解亚甲基蓝研究

以自制二元共聚物聚（苯乙烯-3-(甲基丙烯酰氧)丙基三甲氧基硅烷）改性 MCM-41，并以其为载体分别采用浸渍负载活性金属方式、原位负载活性金属方式和 $NaBH_4$ 还原负载活性金属方式制备铁基非均相催化剂。研究了三类催化剂对亚甲基蓝的催化降解性能，同时采用 FTIR、XRD、TEM、XPS、压汞测试等手段分析了性能不同的原因。结果表明：浸渍负载活性金属方式、原位负载活性金属方式、$NaBH_4$ 还原负载活性金属方式制备的催化剂 25min 时亚甲基蓝去除率分别为 81.2%、73.5% 和 19%。Fe 与改性 MCM-41 间的相互作用及催化剂孔结构，两者的协同作用是性能出现差异的原因。具体结论如下：

（1）通过浸渍负载活性金属方式制备的催化剂 25min 时亚甲基蓝去除率为 81.2%；通过原位负载活性金属方式制备的催化剂 25min 时亚甲基蓝去除率为 73.5%；通过 $NaBH_4$ 还原负载活性金属方式制备的催化剂 25min 时亚甲基蓝去除率为 19%。

（2）结合 FTIR、XRD、TEM、XPS、压汞测试等手段分析了不同负载方式制备的 Fe/改性 MCM-4 催化剂性能出现差异的原因是：Fe 与改性 MCM-41 间相互作用和催化剂孔结构两者的协同。一方面，在合成改性 MCM-41 过程中，由于二元共聚物聚（苯乙烯-3-(甲基丙烯酰氧)丙基三甲氧基硅烷）中单元苯乙烯被烧掉后形成孔洞，导致改性分子筛的孔结构发生改变。另一方面，活性组分 Fe 与改性 MCM-41 的相互作用改变了负载金属铁的化学环境。两方面的协同作用使不同负载方法制备催化剂的性能产生差异。

综上所述，本书所述工艺通过简单的两步法制备了具有强电子相互作用和富氧空位的 $CeVO_4/CeO_2$ II 型异质结。HRTEM 证实了 $CeVO_4$ 与 CeO_2 之间存在无序结构的界面，XPS 进一步证实了 $CeVO_4$ 与 CeO_2 之间的强电子相互作用。由于 $CeVO_4/CeO_2$ 纳米复合材料界面上强烈的电子相互作用和氧空位的协同作用，$CeVO_4/CeO_2$ 表现出较高电子空穴分离效率与较好可见光催化 NH_3BH_3 制氢活性。当 $CeVO_4/CeO_2$ 质量比为 2:1 时，制备的催化剂 $Co-CeVO_4/CeO_2$ 具有最好的光催化性能，TOF 值为 90.91min^{-1}，经过 5 次催化循环后，催化剂活性并未显著降低。以 $CeVO_4$ 纳米带为纳米反应器，设计合成了超薄钴纳米片和 $CeVO_4$ 纳米带 2D/2D 负载型光催化剂，TOF 值为 77.59min^{-1}。在 $CeVO_4$ 纳米带表面形成具有强相互作用的 PDA 包覆层制备了 $Co/CeVO_4@PDA$，TOF 值为 115.38min^{-1}。钴基催化剂具有优良制氢性能的原因是 Co 和 $CeVO_4@PDA$ 之间强烈的电子相互作用与拓宽的催化剂光吸收范围协同作用。制备了 V/O 比例不同的三种金属氧化物 V_2O_5、VO_2 和 V_2O_3，并以它们为载体制备了钴基与镍基催化剂，考察了载体结构对催化剂性能的影响。以结构最稳定的 V_2O_5 为深化研究对象，通过氢气处理制备一系列具有孔结构与氧缺陷的二维 V_2O_5 纳米片，将其作为载体负载非贵金属钴或镍纳米粒子，研究材料缺陷与催化 NH_3BH_3 产氢性能之间的构效关系。四种催化剂 Co/V_2O_5、Co/V_2O_5-250、Co/V_2O_5-300 和 Co/V_2O_5-350 不加光时，四种催化剂的活性差别很小，TOF 值在 35.5~37.8min^{-1} 之间；可见光照射下，四种催化剂的活性都有了较大提高，与暗反应相比，四个催化剂 Co/V_2O_5、Co/V_2O_5-250、Co/V_2O_5-300 和 Co/V_2O_5-350 光催化活性提高幅度分别为 0.77 倍、1.67 倍、2.21 倍与 1.64 倍，其中 Co/V_2O_5-300 具有最高的放氢活性，TOF 值为 120.4min^{-1}。当可见光照射到多孔 V_2O_5 上时，可见光的利用效率会增加；由于

氧缺陷的存在使 V_2O_5 带隙减小，有利于光生载流子分离。另外，二维片层结构有利于光生电子向活性金属纳米粒子上传递。同时选取具有不同结构的 Ni_2P、$Ni_{12}P_5$ 和 Ni_3P 为单一光催化剂催化 NH_3BH_3 放氢反应。不加光时三种金属磷化物都具有催化 NH_3BH_3 放氢的活性，Ni_2P 的活性最高，初始 TOF 值为 44.1 min^{-1}，$Ni_{12}P_5$ 与 Ni_3P 的活性较接近，初始 TOF 值分别为 4.7 min^{-1} 与 3.4 min^{-1}。将可见光引入反应体系后，三种金属磷化物催化 NH_3BH_3 的放氢活性都有大幅提升，趋势与暗催化相似，其中 Ni_2P 具有最高的可见光催化活性，TOF 值达到 82.7 min^{-1}，与其他非贵金属镍基催化剂相比该催化剂活性较高，经过 20 轮循环后，其氢气选择性仍为 100%。另外，与对应的暗催化相比，Ni_2P、$Ni_{12}P_5$ 和 Ni_3P 在可见光下催化 NH_3BH_3 的产氢活性提升幅度分别为 87.5%、78.7% 和 88.2%。归因于当可见光照射到这三种磷化物时，在其表面会产生光生电子与空穴。通过调整反应体系的 pH 值使溶液呈碱性，利用扩散到半导体表面的空穴将氢氧根氧化为羟基自由基，由于光生空穴被氢氧根消耗，这就大大加速了电子与空穴分离效率，同时促使 NH_3BH_3 分子中化学键的断裂。另外，在光催化 NH_3BH_3 水解产氢体系中，很少有研究活性组分的形貌与电子传输路径之间关联的报道。Ni_2P 具有良好的光学活性，同时可以作为单一组分催化 NH_3BH_3 放氢，这就使其成为研究形貌与电子传输路径关系的模型催化剂。通过浸渍负载活性金属方式制备的铁改性 MCM-41 催化剂 25min 时亚甲基蓝去除率为 81.2%；通过原位负载活性金属方式制备的铁改性 MCM-41 催化剂 25min 时亚甲基蓝去除率为 73.5%；通过 $NaBH_4$ 还原负载活性金属方式制备的铁改性 MCM-41 催化剂 25min 时亚甲基蓝去除率为 19%。当焙烧改性分子筛原粉时，二元共聚物单元苯乙烯被烧掉导致改性分子筛形成孔洞，改变了改性分子筛的孔结构；而二元共聚物单元 3-(甲基丙烯酰氧)丙基三甲氧基硅烷产生一定数目的硅羟基，增加了酸性位点数量。在孔和硅羟基的协同作用下具有较好的去除率。活性组分 Fe 与改性 MCM-41 的相互作用改变了负载金属铁的化学环境。上述两者的协同作用使不同方式制备的催化剂性能各异。

7.7　研　究　方　向

尽管学者们在光催化 NH_3BH_3 制氢和染料降解两方面做了大量的工作，取得了大量的成果，但是设计活性高、价格低、循环性好、可实现大规模工业化应用的催化剂仍然存在极大的挑战。由于设备条件和研究时间限制，基于作者团队的研究成果，在以后的工作中还需对以下几个方面进行更深入的研究和探讨：

（1）在负载非贵型金属催化剂中，应继续增大催化剂表面电子密度分布的不均匀性。为达到此目的，应调控活性金属的形貌与粒径使它暴露更多的活性位点提高它的催化效率。

（2）载体的作用同样不可忽视，载体表面结构与形貌对金属与载体相互作用及载流子的输运都是非常重要的。接下来的工作将继续以活性金属与载体的形貌与表面结构为切入点，调控金属与载体间的相互作用，从而调控负载型金属催化剂的电子密度。

（3）在催化降解染料体系中，由于双组分电子和晶格互相作用，双掺金属比单掺金属表现出增强的协同效应。由于水体中降解物浓度较低，与活性组分接触时间短、接触面积小、接触频率低，会影响污染物的催化降解效果，而双掺金属合金的负载是解决该问题的一个重要手段。

（4）铁为第一金属，将能够提供或增强催化剂路易斯酸性的铝、铜、钴为第二或第三金属，共载于改性 M41S 系列介孔分子筛上，制备负载型非均相非贵金属类芬顿铁基催化剂。

（5）以提高催化活性为目的，开发一系列改性 M41S 型介孔分子筛负载二、三金属非均相类芬顿催化剂，构建和完善染料降解催化体系，并探明降解反应动力学和降解机理。

（6）载体选择方面，具有结构规整且稳定、比表面积大、孔道均一等特点的有机介孔框架材料成为载体的首选，如有机框架材料 MOF、COF、POF 等。而如何将活性金属纳米颗粒可控嵌入该材料中将成为研究的重点和趋势。

（7）光、电、热、超声、微波等辅助技术与传统芬顿法的联用，同时规避可见光和紫外光利用率低、电能耗较高、超声波微波处理需具有明显的协同作用、对设备要求高等弊端，可以降低了芬顿试剂的使用量，提升了催化剂降解能力。

"碳达峰、碳中和"目标愿景下，内蒙古作为全国重要的煤炭大省，正大力发展新能源，推动经济社会绿色低碳转型。上述工艺的建立为满足燃料电池尤其是便携式燃料电池对化学储氢材料快速放氢的要求提供了新的途径，可成为推动氢能经济发展的星星之火。

参 考 文 献

[1] 宋瑾. 金属基纳米光催化材料的设计合成及其在可见光催化小分子放氢中的应用研究 [D]. 呼和浩特: 内蒙古大学, 2019.

[2] EDWARDS P P, KUZNETSOV V L, DAVID W I F, et al. Hydrogen and fuel cells: Towards a sustainable energy future [J]. Energy Policy, 2008, 36: 4356-4362.

[3] YANG J, SUDIK A, WOLVERTON C, et al. High capacity hydrogen storage materials: Attributes for automotive applications and techniques for materials discovery [J]. Chem. Soc. Rev., 2010, 39: 656-675.

[4] HUANG Z, AUTREY T. Boron-nitrogen-hydrogen (BNH) compounds: Recent developments in hydrogen storage, applications in hydrogenation and catalysis, and new syntheses [J]. Energy Environ. Sci., 2012, 5: 9257-9268.

[5] PENG B, CHEN J. Ammonia borane as an efficient and lightweight hydrogen storage medium [J]. Energy Environ. Sci., 2008, 1: 479-483.

[6] LACHAWIEC A J, QI G, YANG R T. Hydrogen storage in nanostructured carbons by spillover: bridge-building enhancement [J]. Langmuir, 2005, 21: 11418-11424.

[7] DONG J, WANG X, XU H, et al. Hydrogen storage in several microporous zeolites [J]. Int. J. Hydrogen Energy, 2007, 32: 4998-5004.

[8] ROSI N L, ECKERT J, EDDAOUDI M, et al. Hydrogen storage in microporous metal-organic frameworks [J]. Science, 2003, 300: 1127-1129.

[9] DINCA M, HAN W S, LIU Y, et al. Observation of Cu^{2+}-H_2 interactions in a fully desolvated sodalite-type metal-organic framework [J]. Angew. Chem. Int. Ed., 2007, 46: 1419-1422.

[10] LIU Y, KABBOUR H, BROWN C M, et al. Increasing the density of adsorbed hydrogen with coordinatively unsaturated metal centers in metal-organic frameworks [J]. Langmuir, 2008, 24: 4772-4777.

[11] HE T, PACHFULE P, WU H, et al. Hydrogen carriers [J]. Nat. Rev. Mater., 2016, 1: 16059.

[12] SCHLAPBACH L, ZÜTTEL A. Hydrogen-storage materials for mobile applications [J]. Nature, 2001, 414: 353-358.

[13] ORIMO S, NAKAMORI Y, ELISEO J R, et al. Complex hydrides for hydrogen storage [J]. Chem. Rev., 2007, 107: 4111-4132.

[14] YE Y, AHN C C, WITHAM C, et al. Hydrogen adsorption and cohesive energy of single-walled carbon nanotubes [J]. Appl. Phys. Lett., 1999, 74: 2307.

[15] PINKERTON F E, WICKE B G, OLK C H, et al. Thermogravimetric measurement of hydrogen absorption in alkali-modified carbon materials [J]. J. Phys. Chem. B, 2000, 104: 9460-9467.

[16] ZHU Q, XU Q. Monodispersed PtNi nanoparticles deposited on diamine-alkalized graphene for highly efficient dehydrogenation of hydrous hydrazine at room temperature [J]. Energy Environ. Sci., 2015, 8: 478-512.

[17] DEMIRCI U B, MIELE P. Chemical hydrogen storage: "material" gravimetric capacity versus "system" gravimetric capacity [J]. Energy Environ. Sci. , 2011, 4: 3334-3341.

[18] TANG Z, CHEN H, CHEN X, et al. Graphene oxide based recyclable dehydrogenation of ammonia borane within a hybrid nanostructure [J]. J. Am. Chem. Soc. , 2012, 134: 5464-5467.

[19] LI Z, ZHU G, LU G, et al. Ammonia borane confined by a metal-organic framework for chemical hydrogen storage: Enhancing kinetics and eliminating ammonia [J]. J. Am. Chem. Soc. , 2010, 132: 1490-1491.

[20] CHANDRA M, XU Q. Room temperature hydrogen generation from aqueous ammonia-borane using noble metal nano-clusters as highly active catalysts [J]. J. Power Sources, 2007, 168: 135-142.

[21] ZHU Q L, LI J, XU Q. Immobilizing metal nanoparticles to metal-organic frameworks with size and location control for optimizing catalytic performance [J]. J. Am. Chem. Soc. , 2013, 135: 10210-10213.

[22] CHEN W, JI J, DUAN X, et al. Unique reactivity in Pt/CNT catalyzed hydrolytic dehydrogenation of ammonia borane [J]. Chem. Commun. , 2014, 50: 2142-2144.

[23] CHEN Y Z, XU Q, YU S H, et al. Tiny Pd@ Co core-shell nanoparticles confined inside a metal-organic framework for highly efficient catalysis [J]. Small, 2015, 11: 71-76.

[24] AKBAYRAK S, TONBUL Y, ÖZKAR S. Ceria supported rhodium nanoparticles: Superb catalytic activity in hydrogen generation from the hydrolysis of ammonia borane [J]. Appl. Catal. B: Environ. , 2016, 198: 162-170.

[25] SUN J K, ZHAN W W, AKITA T, et al. Toward homogenization of heterogeneous metal nanoparticle catalysts with enhanced catalytic performance: Soluble porous organic cage as a stabilizer and homogenizer [J]. J. Am. Chem. Soc. , 2015, 137: 7063-7066.

[26] SUN Q, WANG N, ZHANG T, et al. Zeolite-encaged single-atom rhodium catalysts: Highly-efficient hydrogen generation and shape-selective tandem hydrogenation of nitroarenes [J]. Angew. Chem. Int. Ed. , 2019, 58: 18570-18576.

[27] YAN H, LIN Y, WU H, et al. Bottom-up precise synthesis of stable platinum dimers on graphene [J]. Nat. Commun. , 2017, 8: 1070.

[28] LI J, GUAN Q, WU H, et al. Highly active and stable metal single-atom catalysts achieved by strong electronic metal-support interactions [J]. J. Am. Chem. Soc. , 2019, 141: 14515-14519.

[29] XU Q, CHANDRA M. Catalytic activities of non-noble metals for hydrogen generation from aqueous ammonia-aorane at room temperature [J]. J. Power Sources, 2006, 163: 364-370.

[30] JIANG H L, AKITA T, XU Q. A one-pot protocol for synthesis of non-noble metal-based core-shell nanoparticles under ambient conditions: Toward highly active and cost-effective catalysts for hydrolytic dehydrogenation of NH_3BH_3 [J]. Chem. Commun. , 2011, 47, 10999-11001.

[31] YAN J M, ZHANG X B, HAN S, et al. Iron-nanoparticle-catalyzed hydrolytic dehydrogenation of ammonia borane for chemical hydrogen storage [J]. Angew. Chem Int. Ed. , 2008, 47: 2287-2289.

[32] UMEGAKI T, YAN J M, ZHANG X B, et al. Hollow Ni-SiO$_2$ nanosphere-catalyzed hydrolytic

dehydrogenation of ammonia borane for chemical hydrogen storage [J]. J. Power Sources, 2009, 191: 209-216.

[33] UMEGAKI T, YAN J M, ZHANG X B, et al. Co-SiO$_2$ nanosphere-catalyzed hydrolytic dehydrogenation of ammonia borane for chemical hydrogen storage [J]. J. Power Sources, 2010, 195: 8209-8214.

[34] ÖNDER M, MAZUMDER V, ÖZKAR S, et al. Monodisperse nickel nanoparticles and their catalysis in hydrolytic dehydrogenation of ammonia borane [J]. J. Am. Chem. Soc., 2010, 132: 1468-1469.

[35] CAO C Y, CHEN C Q, LI W, et al. Nanoporous nickel spheres as highly active catalyst for hydrogen generation from ammonia borane [J]. Chem. Sus. Chem., 2010, 3: 1241-1244.

[36] ZAHMAKIRAN M, DURAP F, ÖZKAR S. Zeolite confined copper (0) nanoclusters as cost-effective and reusable catalyst in hydrogen generation from the hydrolysis of ammonia-borane [J]. Int. J. Hydrogen Energy, 2010, 35: 187-197.

[37] LI P Z, ARANISHI K, XU Q. ZIF-8 immobilized nickel nanoparticles: Highly effective catalysts for hydrogen generation from hydrolysis of ammonia borane [J]. Chem. Commun., 2012, 48: 3173-3175.

[38] LI J, ZHU Q L, XU Q. Non-noble bimetallic CuCo nanoparticles encapsulated in the pores of metal-organic frameworks: Synergetic catalysis in the hydrolysis of ammonia borane for hydrogen generation [J]. Catal. Sci. Technol., 2015, 5: 525-530.

[39] GUO L, GU X, KANG K, et al. Porous nitrogen-doped carbon-immobilized bimetallic nanoparticles as highly efficient catalysts for hydrogen generation from hydrolysis of ammonia borane [J]. J. Mater. Chem. A, 2015, 3: 22807-22815.

[40] KANG K, GU X, GUO L, et al. Efficient catalytic hydrolytic dehydrogenation of ammonia borane over surfactant-free bimetallic nanoparticles immobilized on amine-functionalized carbon nanotubes [J]. Int. J. Hydrogen Energy, 2015, 40: 12315-12324.

[41] LIU P, GU X, KANG K, et al. Highly efficient catalytic hydrogen evolution from ammonia borane using the synergistic effect of crystallinity and size of noble-metal-free nanoparticles supported by porous metal-organic frameworks [J]. ACS Appl. Mater. Interfaces, 2017, 9: 10759-10767.

[42] WANG H, ZHAO Y, CHENG F, et al. Cobalt nanoparticles embedded in porous N-doped carbon as long-life catalysts for hydrolysis of ammonia borane [J]. Catal. Sci. Technol., 2016, 6: 3443-3448.

[43] FU F, WANG C, WANG Q, et al. Highly selective and sharp volcano-type synergistic Ni$_2$Pt@ZIF-8-catalyzed hydrogen evolution from ammonia borane hydrolysis [J]. J. Am. Chem. Soc., 2018, 140: 10034-10042.

[44] PACHFULE P, YANG X, ZHU Q L, et al. From Ru nanoparticle-encapsulated metal-organic frameworks to highly catalytically active Cu/Ru nanoparticle-embedded porous carbon [J]. J. Mater. Chem. A, 2017, 5: 4835-4841.

[45] HUANG X, LIU Y, WEN H, et al. Ensemble-boosting effect of Ru-Cu alloy on catalytic

activity towards hydrogen evolution in ammonia borane hydrolysis [J]. Appl. Catal. B: Environ. , 2021, 287: 119960.

[46] MORI K, MIYAWAKI K, YAMASHITA H. Ru and Ru-Ni nanoparticles on TiO$_2$ support as extremely active catalysts for hydrogen production from ammonia-borane [J]. ACS Catal. , 2016, 6: 3128-3135.

[47] SUN D, MAZUMDER V, METIN Ö, et al. Catalytic hydrolysis of ammonia borane via cobalt palladium nanoparticles [J]. ACS Nano, 2011, 5: 6458-6464.

[48] LU Z H, LI J, YAO G, et al. Synergistic catalysis of MCM-41 immobilized Cu-Ni nanoparticles in hydrolytic dehydrogeneration of ammonia borane [J]. Int. J. Hydrogen Energy, 2014, 39: 13389-13395.

[49] LEE M H, DEKA J R, CHENG C J, et al. Synthesis of highly dispersed ultra-small cobalt nanoparticles within the cage-type mesopores of 3D cubic mesoporous silica via double agent reduction method for catalytic hydrogen generation [J]. Appl. Surf. Sci. , 2019, 470: 764-772.

[50] WANG C, TUNINETTI J, WANG Z, et al. Hydrolysis of ammonia-borane over Ni/ZIF-8 nanocatalyst: High efficiency, mechanism, and controlled hydrogen release [J]. J. Am. Chem. Soc. , 2017, 139: 11610-11615.

[51] WANG L, LI H, ZHANG W, et al. Supported rhodium catalysts for ammonia-borane hydrolysis: Dependence of the catalytic activity on the highest occupied state of the single rhodium atoms [J]. Angew. Chem Int. Ed. , 2017, 56: 4712-4718.

[52] AKBAYRAK S, ÖZKAR S. Magnetically isolable Pt^0/Co$_3$O$_4$ nanocatalysts: Outstanding catalytic activity and high reusability in hydrolytic dehydrogenation of ammonia borane [J]. ACS Appl. Mater. Interfaces, 2021, 13: 34341-34348.

[53] PENG C Y, KANG L, Cao S, et al. Nanostructured Ni$_2$P as a robust catalyst for the hydrolytic dehydrogenation of ammonia-borane [J]. Angew. Chem. Int. Ed. , 2015, 54: 15725-15729.

[54] FU Z C, XU Y, CHAN S L F, et al. Highly efficient hydrolysis of ammonia borane by anion (—OH, F$^-$, Cl$^-$) -tuned interactions between reactant molecules and CoP nanoparticles [J]. Chem. Commun. , 2017, 53: 705-708.

[55] HOU C C, LI Q, WANG C J, et al. Ternary Ni-Co-P nanoparticles as noble-metal-free catalysts to boost the hydrolytic dehydrogenation of ammonia-borane [J]. Energy Environ. Sci. , 2017, 10: 1770-1776.

[56] HOU C, CHEN Q Q, LI K, et al. Tailoring three-dimensional porous cobalt phosphides templated from bimetallic metal-organic frameworks as precious metal-free catalysts towards the dehydrogenation of ammonia-borane [J]. J. Mater. Chem. A, 2019, 7: 8277-8283.

[57] FENG K, ZHONG J, ZHAO B, et al. Cu$_x$Co$_{1-x}$O nanoparticles on graphene oxide as a synergistic catalyst for high-efficiency hydrolysis of ammonia-borane [J]. Angew. Chem. Int. Ed. , 2016, 55: 11950-11954.

[58] LU D, LIAO J, ZHONG S, et al. Cu$_{0.6}$Ni$_{0.4}$Co$_2$O$_4$ nanowires, a novel noble-metal-free catalyst with ultrahigh catalytic activity towards the hydrolysis of ammonia borane for hydrogen production [J]. Int. J. Hydrogen Energy, 2018, 43: 5541-5550.

[59] ZHENG H, FENG K, SHANG Y, et al. Cube-like CuCoO nanostructures on reduced graphene oxide for H$_2$ generation from ammonia borane [J]. Inorg. Chem. Front. , 2018, 5: 1180-1187.

[60] ZHANG J, WANG Y, ZHU Y, et al. Shape-selective fabrication of Cu nanostructures: Contrastive study of catalytic ability for hydrolytically releasing H$_2$ from ammonia borane [J]. Renew. Energ. , 2018, 118: 146-151.

[61] YAO Q, LU Z H, YANG Y, et al. Facile synthesis of graphene-supported Ni-CeO$_x$ nanocomposites as highly efficient catalysts for hydrolytic dehydrogenation of ammonia borane [J]. Nano Res. , 2018, 11: 4412-4422.

[62] GAO M, YU Y, YANG W, et al. Ni nanoparticles supported on graphitic carbon nitride as visible light catalysts for hydrolytic dehydrogenation of ammonia borane [J]. Nanoscale, 2019, 11: 3506-3513.

[63] FUJISHIMA A, HONDA U. Electrochemical photolysis of water at a semiconductor electrode [J]. Nature, 1972, 238: 37-38.

[64] GAO C, WANG J, XU H, et al. Coordination chemistry in the design of heterogeneous photocatalysts [J]. Chem. Soc. Rev. , 2017, 46: 2799-2823.

[65] LI X, YU J, JARONIEC M. Hierarchical photocatalysts [J]. Chem. Soc. Rev. , 2016, 45, 2603-2636.

[66] LI Q, KAKO T, YE J. WO$_3$ modified titanate network film: Highly efficient photomineralization of 2-propanol under visible light irradiation [J]. Chem. Commun. , 2010, 46: 5352-5354.

[67] HU Y H. A highly efficient photocatalyst-hydrogenated black TiO$_2$ for the photocatalytic splitting of water [J]. Angew. Chem. Int. Ed. , 2012, 51: 12410-12412.

[68] GONELL F, PUGA A V, JULIÁN-LÁPEZ B, et al. Copper-doped titania photocatalysts for simultaneous reduction of CO$_2$ and production of H$_2$ from aqueous sulfide [J]. Appl. Catal. B: Environ. , 2016, 180: 263-270.

[69] HE H, LIN J, FU W, et al. MoS$_2$/TiO$_2$ Edge-On heterostructure for efficient photocatalytic hydrogen evolution [J]. Adv. Energy Mater. , 2016, 6: 1600464.

[70] WANG S, GAO Y, MIAO S, et al. Positioning the water oxidation reaction sites in plasmonic photocatalysts [J]. J. Am. Chem. Soc. , 2017, 139: 11771-11778.

[71] CAO S W, YIN Z, BARBER J, et al. Preparation of Au-BiVO$_4$ heterogeneous nanostructures as highly efficient visible-light photocatalysts [J]. ACS Appl. Mater. Interfaces, 2012, 4: 418-423.

[72] GAO X, WU H B, ZHENG L, et al. Formation of mesoporous heterostructured BiVO$_4$/Bi$_2$S$_3$ hollow discoids with enhanced photoactivity [J]. Angew. Chem. Int. Ed. , 2014, 53: 5917-5921.

[73] GUO L T, CAI Y Y, GE J M, et al. Multifunctional Au-Co@ CN nanocatalyst for highly efficient hydrolysis of ammonia borane [J]. ACS Catal, 2015, 5: 388-392.

[74] REJ S, HSIA C F, CHEN T Y, et al. Facet-dependent and light-assisted efficient hydrogen evolution from ammonia borane using gold-palladium core-shell nanocatalysts [J]. Angew. Chem. Int. Ed. ,

2016, 55: 7222-7226.

[75] BARAKAT N A M. Catalytic and photo hydrolysis of ammonia borane complex using Pd-doped Co nanofibers [J]. Appl. Catal. A-Gen. , 2013, 451: 21-27.

[76] LOU Y, HE J, LIU G, et al. Efficient hydrogen evolution from the hydrolysis of ammonia borane using bilateral-like WO_{3-x} nanorods coupled with Ni_2P nanoparticles [J]. Chem. Commun. , 2018, 54: 6188-6191.

[77] LI X, YAN Y, JIANG Y, et al. Ultra-small Rh nanoparticles supported on WO_{3-x} nanowires as efficient catalysts for visible-light-enhanced hydrogen evolution from ammonia borane [J]. Nanoscale Adv. , 2019, 1: 3941-3947.

[78] LIU Y, ZHANG Z, FANG Y, et al. IR-driven strong plasmonic-coupling on Ag nanorices/ $W_{18}O_{49}$ nanowires heterostructures for photo/thermal synergistic enhancement of H_2 evolution from ammonia borane [J]. Appl. Catal. B: Environ. , 2019, 252: 164-173.

[79] CHENG H, KAMEGAWA T, MORI K, et al. Surfactant-free nonaqueous synthesis of plasmonic molybdenum oxide nanosheets with enhanced catalytic activity for hydrogen generation from ammonia borane under visible light [J]. Angew. Chem. Int. Ed. , 2014, 53: 2910-2914.

[80] CHENG H, QIAN X, KUWAHARA Y, et al. A plasmonic molybdenum oxide hybrid with reversible tunability for visible-light-enhanced catalytic reactions [J]. Adv. Mater. , 2015, 27: 4616-4621.

[81] WEN M, KUWAHARA Y, MORI K, et al. Synthesis of Ce ions doped metal-organic framework for promoting catalytic H_2 production from ammonia borane under visible light irradiation [J]. J. Mater. Chem. A, 2015, 3: 14134-14141.

[82] WEN M, CUI Y, KUWAHARA Y, et al. Non-noble-metal nanoparticle supported on metal-organic framework as an efficient and durable catalyst for promoting H_2 production from ammonia borane under visible light irradiation [J]. ACS Appl. Mater. Interfaces, 2016, 8: 21278-21284.

[83] WEI L, YANG Y, YU Y N, et al. Visible-light-enhanced catalytic hydrolysis of ammonia borane using RuP_2 quantum dots supported by graphitic carbon nitride [J]. Int. J. Hydrogen Energy, 2021, 46: 3811-3820.

[84] KANG N, WANG Q, DJEDA R, et al. Visible-light acceleration of H_2 evolution from aqueous solutions of inorganic hydrides catalyzed by gold-transition-metal nanoalloys [J]. ACS Appl. Mater. Interfaces, 2020, 12: 53816-53826.

[85] REJ S, MASCARETTI L, SANTIAGO E Y, et al. Determining plasmonic hot electrons and photothermal effects during H_2 evolution with TiN-Pt nanohybrids [J]. ACS Catal. , 2020, 10: 5261-5271.

[86] LI H, YAN Y, FENG S, et al. Novel method of high-efficient synergistic catalyze ammonia borane hydrolysis to hydrogen evolution and catalytic mechanism investigation [J]. Fuel, 2019, 255: 115771.

[87] WANG Y, SHEN G, ZHANG Y, et al. Visible-light-induced unbalanced charge on NiCoP/ TiO_2 sensitized system for rapid H_2 generation from hydrolysis of ammonia borane [J]. Appl. Catal. B: Environ. , 2020, 260: 118-183.

［88］ ZHANG S, LI M, LI L, et al. Visible-light-driven multichannel regulation of local electron density to accelerate activation of O—H and B—H bonds for ammonia borane hydrolysis ［J］. ACS Catal. , 2020, 10: 14903-14915.

［89］ HUANG H, WANG C, LI Q, et al. Efficient and full-spectrum photothermal dehydrogenation of ammonia borane for low-temperature release of hydrogen ［J］. Adv. Funct. Mater. , 2021, 31: 2007591.

［90］ ZHANG H, GU X, LIU P, et al. Highly efficient visible-light-driven catalytic hydrogen evolution from ammonia borane using non-precious metal nanoparticles supported by graphitic carbon nitride ［J］. J. Mater. Chem. A, 2017, 5: 2288-2296.

［91］ ZHANG H, GU X, SONG J, et al. Non-noble metal nanoparticles supported by postmodified porous organic semiconductors: Highly efficient catalysts for visible-light-driven on-demand H_2 evolution from ammonia borane ［J］. ACS Appl. Mater. Interfaces, 2017, 9: 32767-32774.

［92］ SONG J, GU X, CHENG J, et al. Remarkably boosting catalytic H_2 evolution from ammonia borane through the visible-light-driven synergistic electron effect of non-plasmonic noble-metal-free nanoparticles and photoactive metal-organic frameworks ［J］. Appl. Catal. B: Environ. , 2018, 225: 424-432.

［93］ SONG J, GU X, ZHANG H. Electrons and hydroxyl radicals synergistically boost the catalytic hydrogen evolution from ammonia borane over single nickel phosphides under visible light irradiation ［J］. Chemistry Open, 2020, 9: 366-373.

［94］ SONG J, GU X, CAO Y, et al. Porous oxygen vacancy-rich V_2O_5 nanosheets as superior semiconducting supports of nonprecious metal nanoparticles for efficient on-demand H_2 evolution from ammonia borane under visible light irradiation ［J］. J. Mater. Chem. A, 2019, 7: 10543-10551.

［95］ ZHANG H, GU X, SONG J. Co, Ni-based nanoparticles supported on graphitic carbon nitride nanosheets as catalysts for hydrogen generation from the hydrolysis of ammonia borane under broad-spectrum light irradiation ［J］. Int. J. Hydrogen Energy, 2020, 45: 21273-21286.

［96］ XU Y, ZHANG H, SONG J, et al. Boosting the on-demand hydrogen generation from aqueous ammonia borane by the visible-light-driven synergistic electron effect in antenna-reactor-type catalysts with plasmonic copper spheres and noble-metal-free nanoparticles ［J］. Chem. Eng. J. , 2021, 401: 126068.

［97］ 韩春霞, 塔娜, 李城镐. 染料降解产物鉴定方法及降解机理研究进展 ［J］. 环境化学, 2017, 36 (5): 1156-1165.

［98］ PLIEGO G, ZAZO J A, PATRICIA G M, et al. Trends in the intensification of the fenton process for wastewater treatment: An overview ［J］. Crit. Rev. Env. Sci. Tec. , 2015, 45: 2611-2692.

［99］ 欧阳琼, 方战强. 类芬顿催化剂研究进展 ［J］. 广东化工, 2017, 44 (16): 107-110.

［100］ WANG F, WU Y, GAO Y, et al. Effect of humic acid, oxalate and phosphate on fenton-like oxidation of microcystin-lr by nanoscale zero-valent iron ［J］. Sep. Purif. Technol. , 2016, 170: 337-343.

［101］ WU D, CHEN Y, ZHANG Z, et al. Enhanced oxidation of chloramphenicol by glda-driven

pyrite induced heterogeneous fenton-like reactions at alkaline condition [J]. Chem. Eng. J.,
2016, 294: 49-57.

[102] HOU P, SHI C, WU L, et al. Chitosan/hydroxyapatite/Fe$_3$O$_4$ magnetic composite for metal-complex dye AY220 removal: Recyclable metal-promoted fenton-like degradation [J]. Micro-chem. J., 2016, 128: 218-225.

[103] MAITE C, RAFAEL G O, MIQUEL C, et al. Robust iron coordination complexes with N-based neutral ligands as efficient fenton-like catalysts at neutral pH [J]. Environ. Sci. Technol., 2013, 47: 9918-9927.

[104] 丁凤. 零价铁催化过硫酸盐高级氧化工艺高效降解印染废水 [D]. 长春: 吉林大学, 2017.

[105] WANG J, LIU C, HUSSAIN I, et al. Iron-copper bimetallic nanoparticles supported on hollow mesoporous silica spheres: The effect of Fe/Cu ratio on heterogeneous Fenton degradation of a dye [J]. RSC Adv., 2016, 6: 54623-54635.

[106] LI W, WANG D, WANG G, et al. Heterogeneous fenton degradation of orange II by immobilization of Fe$_3$O$_4$ nanoparticles onto Al-Fe pillared bentonite [J]. Korean J. Chem. Eng., 2016, 33: 1557-1564.

[107] FENG Y, LIAO C, SHIH K. Copper-promoted circumneutral activation of H$_2$O$_2$ by magnetic CuFe$_2$O$_4$ spinel nanoparticles: Mechanism, stoichiometric efficiency, and pathway of degrading sulfanilamide [J]. Chemosphere, 2016, 154: 573-582.

[108] 王琪. Fe-Cr-Al-MMT 催化湿式过氧化氢氧化降解焦化废水 [C] // 中国环境科学学会、四川大学. 2014 中国环境科学学会学术年会论文集. 2014: 7.

[109] 牛建瑞, 李文亚, 李宗泽, 等. Cu-Mn/Fe$_3$O$_4$@SiO$_2$@KCC 纳米催化剂制备及其催化臭氧降解对苯二甲酸性能 [J]. 科学技术与工程, 2018, 18: 354-360.

[110] FAYAZI M, TAHER M A, AFZALI D, et al. Enhanced fenton-like degradation of methylene blue by magnetically activated carbon/hydrogen peroxide with hydroxylamine as Fenton enhancer [J]. J. Mol. Liq., 2016, 216: 781-787.

[111] CHENG Z, LI J, YANG P, et al. Preparation of MnCo/MCM-41 catalysts uith high perform-ance for chlorobenzene combustion [J]. Chin. J. Catal., 2018, 39: 849-856.

[112] 张建民, 刘悦, 李红玑. Ti-MCM-41 分子筛的制备及对碱性染料的吸附 [J]. 功能材料, 2020, 51: 11025-11030.

[113] 罗海彬, 宋志杰, 吴锦胜, 等. 改性介孔分子筛 Zr-MCM-41 对纤维素热裂解的影响 [J]. 武汉工程大学学报, 2019, 41 (1): 40-46.

[114] 邵一敏, 张秋云, 孙强强, 等. 镍改性 MCM-41 介孔分子筛对水中甲基蓝的吸附 [J]. 环境科学学报, 2014, 34 (12): 3011-3016.

[115] 王宇红, 袁联群, 俞磊, 等. 镧、钒取代 MCM-41 分子筛的结构表征及其在苯酚羟基化反应中的催化性能 [J]. 化工学报, 2010, 61 (10): 2565-2572.

[116] 王小柳, 杨萌, 朱玲君, 等. 基于原位合成的 Ni/Mg@MCM-41 上的 CO$_2$ 甲烷化研究 [J]. 化工学报, 2020, 48 (4): 456-465.

[117] 周华锋, 杨永进, 张劲松, 等. 杂原子 MCM-41 分子筛的合成和催化性能 [J]. 材料研

究学报，2009，22（1）：199-204.

[118] 王元芳，步长娟，迟志明，等 . Al-MCM-41 介孔分子筛吸附喹啉的性能 [J]. 化工学报，2015，66（9）：3597-3603.

[119] 张郢峰，杨贝贝，董文生 . Al-MCM-41 催化葡萄糖醇解制备乙酰丙酸甲酯 [J]. 当代化工，2020，49（8）：1596-1600.

[120] 刘红梅，亢宇，徐向亚 . Ti-MCM-41 分子筛催化剂的合成、表征及催化性能 [J]. 工业催化，2019，27（9）：36-42.

[121] 徐彦芹，秦钊，王烨，等 . NH$_2$-MCM-41 的改性及其 pH 响应性释药的研究 [J]. 化工学报，2020，71（10）：4783-4791.

[122] 刘建武，严生虎，张跃 . SO$_4^{2-}$/Sn-MCM-41 非均相催化环己酮氧化反应 [J]. 精细石油化工，2020，37（6）：42-47.

[123] 张一平，周春晖，费金华，等 . 介孔分子筛 MCM-41 表面的有机胺功能化及其应用 [J]. 分子催化，2007，21（2）：109-114.

[124] 宋华，代雪亚，朱天汉，等 . B 助剂对 Ni$_2$P/MCM-41 催化剂结构及其加氢性能的影响 [J]. 中国石油大学学报（自然科学版），2019，43（5）：170-177.

[125] 雷霆，华伟明，唐颐，等 . MCM-41 负载 SO$_4^{2-}$/ZrO$_2$ 超强酸的性能研究 [J]. 高等学校化学学报，2000，21（8）：1240-1243.

[126] 李曦同，徐海红，朱文杰，等 . 巯基修饰 MCM-41 分子筛的制备及其对 Cr(Ⅳ) 的吸附动力学 [J]. 环境工程学报，2015，9（5）：2199-2206.

[127] 陈西子，陈艳蕾，巫秋萍，等 . MCM-41 分子筛的氨三乙酸功能化及对重金属离子吸附特性研究 [J]. 陶瓷学报，2018，39（2）：187-193.

[128] 张伟，但建明 . MCM-41 介孔分子筛催化剂的制备及催化性能的研究 [J]. 广东化工，2016，21（43）：5-6.

[129] 陈静，韩梅，孙蕊，等 . 苄基磺酸接枝 MCM-41 介孔分子筛的合成与表征 [J]. 无机化学学报，2006，22（9）：1568-1572.

[130] 王娜，吴玉贤，张静，等 . DOPO 改性介孔分子筛阻燃剂的制备及其在聚丙烯中的应用 [J]. 材料研究学报，2014，28（2）：114-120.

[131] KHORSHIDI A. Ruthenium nanoparticles supported on mesoporous MCM-41 as an efficient and reusable catalyst for selective oxidation of arenes under ultrasound irradiation [J]. Chin. J. Catal. , 2016, 37: 153-158.

[132] 刘雷，张高勇，董晋湘，等 . 模板剂对全硅 MCM-41 介孔分子筛结构的影响 [J]. 物理化学学报，2004，20（1）：65-69.

[133] 谷桂娜，王小青，孙伟杰，等 . 以混合表面活性剂为模板可控合成 MCM-48 和 MCM-41 分子筛 [J]. 无机化学学报，2010，26（1）：13-16.

[134] 徐洪梅，王济奎，张梁，等 . 以离子液体为模板剂合成 Cr-MCM-41 及其催化性能 [J]. 南京工业大学学报（自然科学版），2013，35（2）：86-90.

[135] 张光旭，高为芳，蔡卫权，等 . 以离子液体为模板剂合成 MCM-41 的研究——不同扩孔剂对介孔分子筛 MCM-41 孔径结构的影响 [J]. 分子催化，2008，22（6）：497-502.

[136] 汪杰，涂永善，杨朝合，等 . 以催化油浆窄馏分为添加剂的 Al-MCM-41 分子筛的合成

[J]. 催化学报, 2003, 47 (5): 452-456.

[137] 陈艳红, 李春义, 杨朝合, 等. 以十六烷基三甲基溴化铵为模板剂合成 MCM-41/ZSM-5 复合分子筛的研究 [J]. 燃料化学学报, 2011, 39 (12): 944-946.

[138] 黄海凤, 殷操, 褚翔, 等. 孔径调变对 MCM-41 分子筛吸附 VOCS 性能的影响 [J]. 环境科学学报, 2012, 32 (1): 123-128.

[139] 刘文静, 刘叶, 张海涛, 等. 铁系-酸改性 MCM-41 异相芬顿催化剂用于苯酚降解的研究 [J]. 山东化工, 2021, 50 (3): 49-50, 62.

[140] 储伟, 许俊强. DMDA 对介孔 V-MCM-41 分子筛扩孔效应的影响 [J]. 石油学报 (石油加工), 2011, 27 (2): 269-274.

[141] 涂盛辉, 熊超华, 林立, 等. Cu/Mn/La/MCM-41 分子筛降解染料废水的性能研究 [J]. 功能材料, 2021, 7 (52): 7064-7071.

[142] 李国斌, 徐彩霞, 陈立宇. Al-MCM-41 分子筛的制备及其催化合成聚甲氧基二甲醚 [J]. 石油化工, 2021, 50 (2): 103-111.

[143] 黄亮亮, 陈立. Al-MCM-41 固载离子液体催化-合成长链烷基苯 [J]. 科技导报, 2013, 31 (26): 60-63.

[144] 曹菊林, 姚勇, 宋纪双, 等. 氨基改性 MCM-41 对阴离子染料酸性品红的吸附研究 [J]. 四川环境, 2021, 40 (4): 19-25.

[145] 黎先财, 覃苑苑, 刘小刚, 等. 复合分子筛 MCM-41/Y 的制备及其对镧离子的吸附性能 [J]. 南昌大学学报 (工科版), 2021, 43 (3): 205-209, 240.

[146] LI Z, HE T, LIU L, et al. Covalent triazine framework supported non-noble metal nanoparticles with superior activity for catalytic hydrolysis of ammonia borane: From mechanistic study to catalyst design [J]. Chem. Sci., 2017, 8: 781-788.

[147] WETCHAKUN N, CHAIWICHAIN S, INCEESUNGVORN B, et al. $BiVO_4/CeO_2$ Nanocomposites with high visible-light-induced photocatalytic activity [J]. ACS Appl. Mater. Interfaces, 2012, 4: 3718-3723.

[148] LOW J, YU J, JARONIEC M, et al. Heterojunction photocatalysts [J]. Adv. Mater., 2017, 29: 1601694.

[149] ZHANG Y, YE F, LI W D Z. Self-assembled two-dimensional NiO/CeO_2 heterostructure rich in oxygen vacancies as efficient bifunctional electrocatalyst for alkaline hydrogen evolution and oxygen evolution [J]. Chem. Eur. J., 2021, 27: 3766-3771.

[150] ZHANG T, WU X, FAN Y, et al. Hollow CeO_x/CoP heterostructures using two-dimensional Co-MOF as template for efficient and stable electrocatalytic water splitting [J]. Chem. Nano. Mat., 2020, 6: 1119-1126.

[151] SUN H, TIAN C, FAN G, et al. Boosting activity on Co_4N porous nanosheet by coupling CeO_2 for efficient electrochemical overall water splitting at high current densities [J]. Adv. Funct. Mater., 2020, 30: 1910596.

[152] HUANG H, ZHAO J, DU Y, et al. Direct Z-scheme heterojunction of semicoherent $FAPbBr_3/Bi_2WO_6$ interface for photoredox reaction with large driving force [J]. ACS Nano, 2020, 14: 16689-16697.

[153] ZHANG M, LU M, LANG Z L, et al. Semiconductor/covalent-organic-framework z-scheme heterojunctions for artificial photosynthesis [J]. Angew. Chem., Int. Ed., 2020, 59: 6500-6506.

[154] CHEN M, LIQUN Z, LU D, et al. RuCo bimetallic alloy nanoparticles immobilized on multi-porous MIL-53 (Al) as a highly efficient catalyst for the hydrolytic reaction of ammonia borane [J]. Int. J. Hydrogen Energy, 2018, 43: 1439-1450.

[155] XIA B, LIU C, WU H, et al. Hydrolytic dehydrogenation of ammonia borane catalyzed by metal-organic framework supported bimetallic RhNi nanoparticles [J]. Int. J. Hydrogen Energy, 2015, 40: 16391-16397.

[156] SHANG N Z, FENG C, GAO S T, et al. Ag/Pd nanoparticles supported on amine-functional-ized metal-organic framework for catalytic hydrolysis of ammonia borane [J]. Int. J. Hydrogen Energy, 2016, 41: 944-950.

[157] ZAHMAKIRAN M. Covalent Preparation and characterization of LTA-type zeolite framework dispersed ruthenium nanoparticles and their catalytic application in the hydrolytic dehydrogena-tion of ammonia-borane for efficient hydrogen generation [J]. Mater. Sci. Eng., B, 2012, 177: 606-613.

[158] KHALILY M A, EREN H, AKBAYRAK S, et al. Facile synthesis of three-dimensional Pt-TiO_2 nano-networks: a highly active catalyst for the hydrolytic dehydrogenation of ammonia-bo-rane [J]. Angew. Chem., Int. Ed., 2016, 55: 12257-12261.

[159] ZHAO H, YU G, YUAN M, et al. Ultrafine and highly dispersed platinum nanoparticles con-fined in a triazinyl-containing porous organic polymer for catalytic applications [J]. Nanoscale, 2018, 10: 21466-21474.

[160] ZHANG N, JALIL A, WU D, et al. Refining defect states in $W_{18}O_{49}$ by Mo doping: A strate-gy for tuning N_2 activation towards solar-driven nitrogen fixation [J]. J. Am. Chem. Soc., 2018, 140: 9434-9443.

[161] SUN Q, WANG N, XU Q, et al. Nanopore-supported metal nanocatalysts for efficient hydrogen generation from liquid-phase chemical hydrogen storage materials [J]. Adv. Mater., 2020, 32: 2001818.

[162] GUO K, LI H, YU Z. Size-dependent catalytic activity of monodispersed nickel nanoparticles for the hydrolytic dehydrogenation of ammonia borane [J]. ACS Appl. Mater. Interfaces, 2018, 10: 517-525.

[163] ZHAN W W, ZHU Q L, XU Q. Dehydrogenation of ammonia borane by metal nanoparticle catalysts [J]. ACS Catal., 2016, 6: 6892-6905.

[164] YANG F, BAO X, LI P, et al. Boosting hydrogen oxidation activity of Ni in alkaline media through oxygen-vacancy-rich CeO_2/Ni heterostructures [J]. Angew. Chem., Int. Ed., 2019, 58: 14179-14183.

[165] TAN L, XU J, ZHANG X, et al. Synthesis of g-C_3N_4/CeO_2 nanocomposites with improved catalytic activity on the thermal decomposition of ammonium perchlorate [J]. Appl. Surf. Sci., 2015, 356: 447-453.

[166] LIU S, QILENG A, HUANG J, et al. Polydopamine as a bridge to decorate monodisperse gold nanoparticles on Fe_3O_4 nanoclusters for the catalytic reduction of 4-nitrophenol [J]. RSC Adv. , 2017, 7: 45545-45551.

[167] TIAN Y, CAO Y, WANG Y, et al. Realizing ultrahigh modulus and high strength of macroscopic graphene oxide papers through crosslinking of mussel-inspired polymers [J]. Adv. Mater. , 2013, 25: 2980-2983.

[168] YU H, XUE Y, HUI L, et al. Efficient hydrogen production on a 3D flexible heterojunction material [J]. Adv. Mater. , 2018, 30: 1707082.

[169] AGARWAL N, FREAKLEY S J, MCVICKER R U, et al. Aqueous Au-Pd colloids catalyze selective CH_4 oxidation to CH_3OH with O_2 under mild conditions [J]. Science, 2017, 358: 223-227.

[170] MANNA J, AKBAYRAK S, ÖZKAR S. Palladium (0) nanoparticles supported on polydopamine coated $CoFe_2O_4$ as highly active, magnetically isolable and reusable catalyst for hydrogen generation from the hydrolysis of ammonia borane [J]. Appl. Catal. , B, 2017, 208: 104-115.

[171] ZHANG L, ZHOU L, YANG K, et al. Pd-Ni nanoparticles supported on MIL-101 as high-performance catalysts for hydrogen generation from ammonia borane [J]. J. Alloy. Compd. , 2016, 677: 87-95.

[172] LIANG Z, XIAO X, YU X, et al. Non-noble trimetallic Cu-Ni-Co nanoparticles supported on metal-organic frameworks as highly efficient catalysts for hydrolysis of ammonia borane [J]. J. Alloy. Compd. , 2018, 741: 501-508.

[173] YEN H, SEO Y, KALIAGUINE S, et al. Role of metal-support interactions, particle size, and metal-metal synergy in CuNi nanocatalysts for H_2 generation [J]. ACS Catal. , 2015, 5: 5505-5511.

[174] ANJALI T G, BASAVARAJ M G. Shape-anisotropic colloids at interfaces [J]. Langmuir, 2019, 35: 3-20.

[175] QU X, JIANG R, LI Q, et al. The hydrolysis of ammonia borane catalyzed by NiCoP/OPC-300 nanocatalysts: high selectivity and efficiency, and mechanism [J]. Green Chem. , 2019, 21: 850-860.

[176] SHAIK F, PEER I, JAIN P K, et al. Plasmon-enhanced multicarrier photocatalysis [J]. Nano Lett. , 2018, 18: 4370-4376.

[177] ZHANG N, QI M Y, YUAN L, et al. Broadband light harvesting and unidirectional electron flow for efficient electron accumulation for hydrogen generation [J]. Angew. Chem. , Int. Ed. , 2019, 58: 10003-10007.

[178] FU J, XU Q, LOW J, et al. Ultrathin 2D/2D WO_3/g-C_3N_4 step-scheme H_2-production photocatalyst [J]. Appl. Catal. , B, 2019, 243: 556-565.

[179] WANG S, WANG L, HUANG W. Bismuth-based photocatalysts for solar energy conversion [J]. J. Mater. Chem. A, 2020, 8: 24307-24352.

[180] LI J, WU X, PAN W, et al. Vacancy-rich monolayer BiO_{2-x} as a highly efficient UV,

visible, and near-infrared responsive photocatalyst [J]. Angew. Chem. Int. Ed. , 2018, 57: 491-495.

[181] ZHU C, LI C, ZHENG M, et al. Plasma-induced oxygen vacancies in ultrathin hematite nanoflakes promoting photoelectrochemical water oxidation [J]. ACS Appl. Mater. Interfaces, 2015, 7: 22355-22363.

[182] YANG Y, YIN L C, GONG Y, et al. An unusual strong visible-light absorption band in red anatase TiO_2 photocatalyst induced by atomic hydrogen-occupied oxygen vacancies [J]. Adv. Mater. , 2018, 30: 1704479.

[183] WANG S, CHEN P, BAI Y, et al. New $BiVO_4$ dual photoanodes with enriched oxygen vacancies for efficient solar-driven water splitting [J]. Adv. Mater. , 2018, 30: 1800486.

[184] XING M, ZHANG J, CHEN F, et al. An economic method to prepare vacuum activated photocatalysts with high photo-activities and photosensitivities [J]. Chem. Commun. , 2011, 47: 4947-4949.

[185] ZHANG J, CHEN Y, WANG X. Two-dimensional covalent carbon nitride nanosheets: synthesis, functionalization, and applications [J]. Energy Environ. Sci. , 2015, 8: 3092-3108.

[186] BUTBUREE T, BAI Y, WANG H, et al. 2D porous TiO_2 single-crystalline nanostructure demonstrating high photo-electrochemical water splitting performance [J]. Adv. Mater. , 2018, 30: 1705666.

[187] PENG X, ZHANG X, WANG L, et al. Hydrogenated V_2O_5 nanosheets for superior lithium storage properties [J]. Adv. Funct. Mater. , 2016, 26: 784-791.

[188] MA W, ZHANG C, LIU C, et al. Impacts of surface energy on lithium ion intercalation properties of V_2O_5 [J]. ACS Appl. Mater. Interfaces, 2016, 8: 19542-19549.

[189] LIU L, LIU Q, ZHAO W, et al. Enhanced electrochemical performance of orientated $VO_2(B)$ raft-like nanobelt arrays through direct lithiation for lithium ion batteries [J]. Nanotechnology, 2017, 28: 065404.

[190] ZHANG K F, GUO D J, LIU X, et al. Vanadium oxide nanotubes as the support of Pd catalysts for methanol oxidation in alkaline solution [J]. J. Power Sources, 2006, 162: 1077-1081.

[191] GLUSHENKOV A M, HULICOVA-JURCAKOVA D, LLEWELLYN D, et al. Structure and capacitive properties of porous nanocrystalline VN prepared by temperature-programmed ammonia reduction of V_2O_5 [J]. Chen, Chem. Mater. , 2010, 22: 914-921.

[192] CUSHING S K. , MENG F, ZHANG J, et al. Effects of defects on photocatalytic activity of hydrogen-treated titanium oxide nanobelts [J]. ACS Catal. , 2017, 7: 1742-1748.

[193] GUELLA G, ZANCHETTA C, PATTON B, et al. New insights on the mechanism of palladium-catalyzed hydrolysis of sodium borohydride from ^{11}B NMR measurements [J]. J. Phys. Chem. B, 2006, 110: 17024-17033.

[194] ZHOU Q, XU C. Nanoporous PtRu alloys with unique catalytic activity toward hydrolytic dehydrogenation of ammonia borane [J]. Chem. Asian J. , 2016, 11: 705-712.

[195] YAO Q, LU Z H, HUANG W, et al. High Pt-like activity of the Ni-Mo/graphene catalyst for

hydrogen evolution from hydrolysis of ammonia borane [J]. J. Mater. Chem. A, 2016, 4: 8579-8583.

[196] LI P Z, AIJAZ A, XU Q. Highly dispersed surfactant-free nickel nanoparticles and their remarkable catalytic activity in the hydrolysis of ammonia borane for hydrogen generation [J]. Angew. Chem. Int. Ed. , 2012, 51: 6753-6756.

[197] SUN Z, ZHENG H, LI J, et al. Extraordinarily efficient photocatalytic hydrogen evolution in water using semiconductor nanorods integrated with crystalline Ni_2P cocatalysts [J]. Energy Environ. Sci. , 2015, 8: 2668-2676.

[198] SHI Y, ZHANG B. Recent advances in transition metal phosphide nanomaterials: Synthesis and applications in hydrogen evolution reaction [J]. Chem. Soc. Rev. , 2016, 45: 1529-1541.

[199] TANG C, ZHANG R, LU W, et al. Energy-saving electrolytic hydrogen generation: Ni_2P nanoarray as a high-performance non-noble-metal electrocatalyst [J]. Angew. Chem. Int. Ed. , 2017, 56: 842-846.

[200] WANG X, RUI T, WANG Y, et al. Surface roughening of nickel cobalt phosphide nanowire arrays/Ni foam for enhanced hydrogen evolution activity [J]. ACS Appl. Mater. Interfaces, 2016, 8: 34270-34279.

[201] JIN L, XIA H, HUANG Z, et al. Phase separation synthesis of trinickel monophosphide porous hollow nanospheres for efficient hydrogen evolution [J]. J. Mater. Chem. A, 2016, 4: 10925-10932.

[202] SHARON M, TAMIZHMANI G, LEVY-CLEMENT C, et al. Study of electrochemical and photoelectrochemical properties of nickel phosphide semiconductors [J]. Solar Cells, 1989, 26: 303-312.

[203] RABLEN P R. Large effect on borane bond dissociation energies resulting from coordination by lewis bases [J]. J. Am. Chem. Soc. , 1997, 119: 8350-8360.

[204] LIN R, WAN J, XIONG Y, et al. Quantitative study of charge carrier dynamics in well-defined WO_3 nanowires and nanosheets: Insight into the crystal facet effect in photocatalysis [J]. J. Am. Chem. Soc. , 2018, 140: 9078-9082.

[205] DENG Y, ZHOU Y, YAO Y, et al. Facile synthesis of nanosized nickel phosphides with controllable phase and morphology [J]. New J. Chem. , 2013, 37: 4083-4088.

[206] CHEN T, LIU D, LU W, et al. Three-dimensional Ni_2P nanoarray: An efficient catalyst electrode for sensitive and selective nonenzymatic glucose sensing with high specificity [J]. Anal. Chem. , 2016, 88: 7885-7889.

[207] SUN Z, ZHU M, FUJITSUKA M, et al. Phase effect of Ni_xP_y hybridized with g-C_3N_4 for photocatalytic hydrogen generation [J]. ACS Appl. Mater. Interfaces, 2017, 9: 30583-30590.

[208] CHEN Y, LI C, ZHOU J, et al. Metal phosphides derived from hydrotalcite precursors toward the selective hydrogenation of phenylacetylene [J]. ACS Catal. , 2015, 5: 5756-5765.

[209] HUANG Z, CHEN Z, CHEN Z, et al. $Ni_{12}P_5$ Nanoparticles as an efficient catalyst for hydrogen generation via electrolysis and photoelectrolysis [J]. ACS Nano, 2014, 8: 8121-8129.

[210] INDRA A, ACHARJYA A, MENEZES P W, et al. Boosting visible-light-driven photocatalytic hydrogen evolution with an integrated nickel phosphide-carbon nitride system [J]. Angew. Chem. Int. Ed. , 2017, 56: 1653-1657.

[211] PELAEZ M, NOLAN N T, PILLAI S C, et al. A review on the visible light active titanium dioxide photocatalysts for environmental applications [J]. Appl. Catal. B: Environ. , 2012, 125: 331-349.

[212] DONG F, ZHAO Z, SUN Y, et al. An advanced semimetal-organic Bi spheres-g-C_3N_4 nanohybrid with SPR-enhanced visible-light photocatalytic performance for NO purification [J]. Environ. Sci. Technol. , 2015, 49: 12432-12440.

[213] KONSTANTINOU I K, ALBANIS T A. TiO_2-assisted photocatalytic degradation of azo dyes in aqueous solution: Kinetic and mechanistic investigations: A review [J]. Appl. Catal. B: Environ. , 2004, 49: 1-14.

[214] MORI K, VERMA P, HAYASHI R, et al. Color-controlled Ag nanoparticles and nanorods within confined mesopores: Microwave-assisted rapid synthesis and application in plasmonic catalysis under visible-light irradiation [J]. Chem. Eur. J. , 2015, 21: 11885-11893.

[215] JO S, VERMA P, KUWAHARA Y, et al. Enhanced hydrogen production from ammonia borane using controlled plasmonic performance of Au nanoparticles deposited on TiO_2 [J]. J. Mater. Chem. A, 2017, 5: 21883-21892.

[216] MA H, NA C. Isokinetic temperature and size-controlled activation of ruthenium-catalyzed ammonia borane hydrolysis [J]. ACS Catal. , 2015, 5: 1726-1735.

[217] AKBAYRAK S, ERDEK P, ÖZKAR S. Hydroxyapatite supported ruthenium (0) nanoparticles catalyst in hydrolytic dehydrogenation of ammonia borane: Insight to the nanoparticles formation and hydrogen evolution kinetics [J]. Appl. Catal. B: Environ. , 2013, 142-143: 187-195.

[218] KARAHAN S, ZAHMAKıRAN M, ÖZKAR S. A facile one-step synthesis of polymer supported rhodium nanoparticles in organic medium and their catalytic performance in the dehydrogenation of ammonia-borane [J]. Chem. Commun. , 2012, 48: 1180-1182.

[219] 李沛东, 高颖, 吴荣础, 等. 异相芬顿反应降解废水中有机污染物的研究进展 [J]. 应用化工, 2019, 48 (3): 717-720, 727.

[220] 关桦楠, 薛悦, 彭勃, 等. 基于芬顿反应纳米模拟酶快速去除水中有机污染物的应用进展 [J]. 精细化工, 2020, 37 (9): 1738-1743, 1774.

[221] VEREGUE F R, LIMA H, RIBEIRO S C, et al. MCM-41/chondroitin sulfate hybrid hydrogels with remarkable mechanical properties and superabsorption of methylene blue [J]. Carbohyd. Polym. , 2020, 247: 116558.

[222] NADA A A, BEKHEET M F, ROUALDES S, et al. Functionalization of MCM-41 with titanium oxynitride deposited via PECVD for enhanced removal of methylene blue [J]. J. Mol. Liq. , 2019, 274: 505-515.

[223] 种延竹, 张爱文. 改性 MCM-41 分子筛的合成与亚甲基蓝吸附性能 [J]. 无机盐工业, 2020, 52 (5): 90-93.

［224］ 王利文，罗学刚．层状氧化物 $NaCo_2O_4$ 热催化 H_2O_2 降解亚甲基蓝［J］．化工环保，2018，38（3）：294-299.

［225］ YILMAZ M S, ÖZDEMIR Ö D, PISKIN S. Synthesis and characterization of MCM-41 with different methods and adsorption of Sr^{2+} on MCM-41［J］．Res. on Chem. Intermed.，2015，41（1）：199-211.

［226］ 陈炳才，何倩，胡淼，等．MCM-41 分子筛合成与官能化的研究进展及应用［J］．武汉工程大学学报，2019，41（6）：546-552，558.

［227］ 潘兆琪，韦郁梅，刘家诚，等．Fe-MCM-41 分子筛催化臭氧氧化水中磺胺研究［J］．科技创新导报，2019（29）：94-97.

［228］ 马守涛，田然，孙发民，等．MCM-41/HY 介-微孔复合分子筛的合成与表征［J］．应用科技，2010，37（1）：50-52.

［229］ BELLO M M, RAMAN A A A, ASGHAR A. A review on approaches for addressing the limitations of Fenton oxidation for recalcitrant wastewater treatment［J］．Process Saf. Environ.，2019，126：119-140.

［230］ 陶洋，张璨，孙永军．非均相类 Fenton 技术研究进展［J］．山东化工，2020，49（9）：66-68.

［231］ CHENG M, LAI C, LIU Y, et al. Metal-organic frameworks for highly efficient heterogeneous Fenton-like catalysis［J］．Coordin. Chem. Rev.，2018，368：80-92.

［232］ 和芹，陈伟，舒世立，等．海藻酸钠磁球制备及对亚甲基蓝的吸附研究［J］．复旦学报（自然科学版），2021，60（4）：532-539.

［233］ KUMAR A, RANA A, SHARMA G, et al. Recent advances in nano-Fenton catalytic degradation of emerging pharmaceutical contaminants［J］．J. Mol. Liq.，2019，290：111177.

［234］ 李蓉，吴小宁，王倩，等．非均相类 Fenton 体系中降解水中染料的固体催化剂研究进展［J］．净水技术，2019，38（4）：70-73，100.

［235］ 李会峰，李明丰，聂红．不同制备方法对 MoO_3/Al_2O_3 催化剂的钼分散性及 HDS 性能的影响［C］．第十六届全国催化学术会议论文集．北京：中国化学会，2012：1-2.

［236］ 马燕辉，赵会玲，唐圣杰，等．微孔/介孔复合分子筛的合成及其对 CO_2 的吸附性能［J］．物理化学学报，2011，27（3）：689-696.

［237］ YAO Q, LU Z H, YANG Y, et al. Facile synthesis of graphene-supported Ni-CeO_x nanocomposites as highly efficient catalysts for hydrolytic dehydrogenation of ammonia borane［J］．Nano Res，2018，11（8）：4412-4422.

［238］ 尹冯懿，孙思杰，付朋，等．Cu/ZnO 在醋酸甲酯加氢制乙醇反应中失活原因分析［C］// 第十四届全国青年催化学术会议论文集．吉林长春：中国化学会催化委员会，2013：2.

［239］ 聂明星．铁基氧化物非均相类 Fenton 催化剂的制备及其对四环素的降解研究［D］．合肥：中国科学技术大学，2020.

［240］ 刘苗．铁基催化剂与等离子体协同催化二氧化碳加氢制甲醇［D］．大连：大连理工大学，2020.

［241］ LIU J, ZOU S, XIAO L, et al. Well-dispersed bimetallic nanoparticles confined in mesoporous metal oxides and their optimized catalytic activity for nitrobenzene hydrogenation［J］．Catal. Sci. Technol.，2014，4：441-446.

[242] 李石雄. 给电子基团调控光催化剂对有机污染物的氧化降解：机理研究和材料功能增强 [D]. 广州：华南理工大学，2018.

[243] 张建民，王阿宁，李红玑，等. 三种改性 Hummers 法对氧化石墨的结构和亚甲基蓝吸附性能影响 [J]. 粉末冶金技术，2018，36 (1)：16-20，35.